傾聴・心理臨床学
アップデートとフォーカシング
感じる・話す・聴くの基本

倾听·感觉·说话的更新换代
——心理治疗中的聚焦取向

【日】池见 阳 编著

李 明 译

中国轻工业出版社

图书在版编目（CIP）数据

倾听·感觉·说话的更新换代：心理治疗中的聚焦取向／（日）池见　阳编著；李明译 .—北京：中国轻工业出版社，2017.9（2019.7重印）

ISBN 978-7-5184-1561-8

Ⅰ. ①倾… Ⅱ. ①池… ②李… Ⅲ. ①心理咨询－研究 ②精神疗法－研究　Ⅳ. ①B841 ②R749.055

中国版本图书馆CIP数据核字（2017）第200217号

版权声明

Copyright © 2016 by A.Ikemi.
Update Your Listening and Therapy with Focusing: The Fundamentals of Sensing, Speaking and Listening.
Chinese language edition © China Light Industry Press 2017

总　策　划：石铁
策划编辑：阎兰　　　　　　　　责任终审：杜文勇
责任编辑：阎兰　唐淼　　　　　责任监印：刘志颖

出版发行：中国轻工业出版社（北京东长安街6号，邮编：100740）
印　　刷：三河市鑫金马印装有限公司
经　　销：各地新华书店
版　　次：2019年7月第1版第2次印刷
开　　本：710×1000　1/16　印张：18.25
字　　数：190千字
书　　号：ISBN 978-7-5184-1561-8　定价：58.00元
著作权合同登记 图字：01-2017-5866
读者热线：010-65181109，65262933
发行电话：010-85119832　传真：010-85113293
网　　址：http://www.chlip.com.cn　http://www.wqedu.com
电子信箱：1012305542@qq.com
如发现图书残缺请与我社联系调换
171001Y2X101ZBW

中文版推荐序

《倾听·感觉·说话的更新换代——心理治疗中的聚焦取向》是由日本关西大学池见阳博士带领，由日本关西大学人本主义心理及聚焦取向心理疗法的研究团队共同协作所完成的成果。我也十分荣幸地参与了其中汉字聚焦部分的一些工作。在美国心理学会（American Psychological Association，APA）最新出版的《人本心理学手册》"聚焦取向心理治疗（Focusing Oriented Therapy，简称为FOT）"的章节中，介绍了许多日本团队的研究成果，其参考文献中有40%来自日本的研究。这可见日本的人本心理学，特别是聚焦取向疗法在全球的学术地位。

2009年，英国的坎贝尔·帕顿博士在中国讲授聚焦期间，和我一起邀请了池见阳博士在中国进行聚焦的教学和交流。池见阳博士自2010年开始对在中国的聚焦方面的教学交流十分投入，也十分喜欢中国文化。因此，这一学术交流得以一直持续，同时他鼓励日本团队全力支持聚焦取向心理疗法在中国的传播，多次带队参加中国聚焦及其疗法会议，对中国加入国际聚焦圈的活动起到了很大的作用。目前，聚焦在中国也渐渐被心理咨询和心理治疗界所了解，聚焦取向疗法的系统训练和认证体系已经成熟。池见阳博士也是刚刚逝世的美国开创性心理学家聚焦创始人简德林（1926—2017）在亚洲最重要的亲传弟子之一，当代国际聚焦圈元老之一。

2016年，我邀请池见阳博士来华举行聚焦高级研讨会，就人本心理学中共情等这些基本概念进行深入研讨。池见阳博士通过对共情等这些十分基本的概念深入地讲学，索引了历史和具体临床的位置，让参与者对共情等有了前所未有的深入理解，也出乎意料地震动了当时的参会者。之后池见阳博士主编的本书在日本出版，我和李明老师注意到此次深入研讨的内容等都包括在此书中。于是，我们立即联系了"万千心理"和池见阳博士，商谈此书的翻译出版。

读者面对本书，事先要有心理准备——本书的写作风格是多样性的，从随笔性的自我探索风格，到专业论文风格。而在著作中除了对聚焦新发展的介绍，也对术语多有创新。例如"心理临床学"一词，池见阳博士解释道："心理临床学"比起"临床心理学"感觉上更接近实际。相对于医院临床的"临床心理学"，"心理临床学"这个词强调了"心理学的临床"。也就是说，这是关于运用心理学的知识和方法，而不限制在医院临床，是在各个领域援助和支持的学问。日本心理学在学习西方心理学的几十年积累之后，于1990年开始，就有许多心理学内容结合亚洲文化的具有自信的发展，这些在本书中即有体现，例如汉字聚焦和青空聚焦。

《倾听·感觉·说话的更新换代——心理治疗中的聚焦取向》是一本值得认真阅读和学习的重要的人本主义心理学著作，在此推荐。

徐 钧
2017年5月16日
于上海

译 者 序

许多初学聚焦的人会问：聚焦的时候聚焦者应该睁着眼睛还是闭上眼睛？而几乎所有的聚焦老师都会回答：都可以。"几乎"意思是说还有例外。池见老师就是我遇到的这个例外。

和池见阳老师第一次做聚焦练习是在2013年杭州第二届中国聚焦大会期间。当时池见老师和我都参加了坎贝尔·帕顿老师的工作坊。工作坊开始做结对练习的时候，因为语言关系，我和池见老师自然就成了聚焦伙伴。当我做聚焦者习惯性地闭上眼睛并开始关注内在的时候，突然听到池见老师说："能不能请你睁开眼睛？"我大为诧异地睁开眼睛，这是我和其他老师体验聚焦时从来没有过的事（到今天还是如此）。让聚焦者睁开眼睛与倾听者互动是池见老师聚焦风格的一个特色。

关于这个特色的理论背景，直到2016年3月池见老师到上海来做了3天的工作坊才有机会向我们做了详细的说明。在这之前，我们所学到的是我们在陪伴来访者的过程中应该放下自己的东西，不要表达自己的体验，要像"一张白纸"一样"中立"地去倾听。倾听就是不要妨碍来访者自己的过程。倾听者即便自己不理解，不知道是怎么回事也不要紧，只要跟随来访者自己的过程就行。但是作为简德林的亲传弟子，池见老师却认为：不存在来访者"自己一个人原来"的过程，过程总是"主体间性的现实"。也就是说，互动过程总是与什么人的"交叉"。来访者在与什么人的互动中已经被卡住了而来咨询，希望在与心理师的互动中能有所突破，回去以后可以在被卡住的地方有所推进。如果这个时候心理师的态度是像白纸一样的

"中立",其实是在让来访者一个人在聚焦体会,倾听者不过只是帮助来访者获得某种程度的关系性支持。池见老师批评这种做法:"这样一来,治疗师这个人本来的样子消失了,这说不上是一个诚实的治疗师。"

来访者一个人聚焦体会和与心理师两个人一起聚焦来访者体会的结果会大相径庭。如果心理师也要去聚焦来访者的体会,倾听就是为了理解。心理师在不理解的时候就要提问、确认或者不惜暂停、倒车,要明白发生了什么。所以,在聚焦时我们可以不必太在意做了什么会妨碍来访者"自己个人的""原来的"过程,而是要通过倾听到达理解。因为只有来访者认为自己"被理解了",过程才可能推进。池见老师让聚焦者睁开眼睛,其实就是要和聚焦者更好地互动,更好地理解聚焦者。

池见老师的这些理论在本书中有详细的说明,这种对于倾听的颠覆性理论对于我来说是一种解放。我的聚焦风格为之一变,在倾听中更加注重理解和交叉。在我带领的几个聚焦体验小组和倾听小组的实践中,正是倾听中理解和交叉的尝试经常带来被组员们称为"神奇"的推进效果。

本书翻译的整个过程,我感觉自己就像个学生在教室里"听课"。这本书(1—5章)讲的是聚焦的"道",书中涉及的"术"仅是些贯彻聚焦之道的最基本的技法。这是一本聚焦爱好者必读的基础教科书,它涉及的理论广泛而深刻,但文字表达却举重若轻、浅显易懂,很多地方是家常话,还配有很多案例,非常实用,似乎老师就在面前耳提面命、谆谆善诱。像这样一边"听课"一边翻译,到了新鲜、精彩的地方,像第2章感觉的性质、第3章的隐喻与"交叉"、第4章的"双重镜映"、第5章的"倾听指南"等会不由地兴奋拍案,忘了这些像家常话一样的表达翻译起来是如何地艰辛。

翻译就像在走道,有的时候道路很宽,怎么走都可以,但许多的时候要找到信达雅的词就像在走崎岖的羊肠小道,或只有一个词可以刚刚好通过。甚至还有的时候会走投无路。幸好可以随时求助池见老师,请他说明一下或者换一个说法。

译者序

感谢徐钧老师把聚焦引进中国。

感谢阎兰、唐淼编辑在出版工作中的真诚和细心,与她们合作令人觉得爽快。

最要感谢的是我太太陈明对我投身聚焦传播的支持。在某种意义上,是她把本来我应该陪伴她的许多时间奉献给了读者。

李 明

2017年6月21日

于伦敦 Woodford

中文版前言

对于本书被翻译成中文，我感到非常高兴。听说近年来中国对于心理治疗的关注日益高涨，也听说在中国精神分析和认知行为疗法都很盛行。本书立足于被称作"第三势力"的"人本主义心理学"，所以对于许多中国的读者来说，通过本书或许可以打开新的视角。

我的恩师简德林教授关于本书的主题聚焦曾经说过："请向哲学家们传达（聚焦），他们只知道精神分析。"精神分析也好，认知行为疗法也好，其实都建立在同一个哲学前提上。这个哲学前提就是我们的体验是由过去习得的模式构成的。也就是说，体验自身不能产生出自己的秩序。所以，以他们的视角来看，体验是由习得的行为模式或者人生早年发生的事情所决定的。

简德林教授对此持批判的态度。他说："谁都没有教婴儿怎么去爬不是么？"是我们的〈身体〉自身发现怎么去爬、怎么去走路的。〈身体〉就是这般能够自身产生非常复杂而且巧妙的秩序的。

同样，如何活在某个情境中才好呢？我们觉察到这已为〈身体〉所知。今天晚上吃什么呢？在烦恼的时候，那也不是，这也不是，一边烦恼一边在参照〈身体〉。于是，从〈身体〉那里突然浮现出念头，"啊，对呀，想吃那家店的广东菜！"迷惑消失了。这既不是逻辑思考的结果，也不可能是从谁那里习得的"烦恼的时候就吃广东菜"。这是〈身体〉自己找到的在某个情境中的活法。而且过后一思考的话，决定这家饭馆并不是自己一个人的喜好，而是和对方一起去的话，氛围既恰到好处，费用上对自己也合适等。

一回顾思考的话就明白〈身体〉已经正确地知道人际关系和经济状况等许多事情。

为什么到广东餐馆去了呢？我们也可以构建各种各样的解释概念来思考。把"是因为我父亲来客人的时候总是和他们一起到神户的广东餐馆去的吧""家里是和亲密的友人欢聚的地方"的认知与吃广东菜的行为结合到一起。事后也可以进行交叉丰富的想象。但是，重要的是在这些解释概念之前的〈身体〉或者"体验"指示着"此时此地"情境的活法。

本书介绍的不是解释，本书介绍的是体验变化着的过程以及促进这样的过程的方法等。比起解释来，首先发生的是体验性转变的过程。我为能有机会把这样的见地向中国的各位传达而深感荣幸。

我对创造这样机会的徐钧老师和李明老师深表谢意。我自己也在英语和日语之间做翻译，因此深知这是一种怎样辛苦的工作。我衷心对他们的工作表示敬意。

池见 阳
2017年4月5日

执笔者介绍

（按执笔顺序）(* 为编者)

池见 阳（Ikemi Akira）*（第 1 章第 1 节、第 2 节；第 2 章；第 4 章；第 5 章；
　　　　　　　　　　　　　第 6 章第 1 节、第 2 节、第 3 节）

芝加哥大学社会科学专业毕业

医学博士（产业医科大学，1989）

现在，关西大学大学院心理学研究科临床心理专业大学院教授，临床心理师

著作：『心のメッセージを聴く：実感が語る心理学』講談社（1995）

　　　『僕のフォーカシング＝カウンセリング：ひとときの生を言い表す』創元社（2010）

　　　『アート表現のこころ：フォーカシング指向アートセラピー』誠信書房 共著（2012）等

河崎 俊博（Toshihiro Kawasaki）（第 1 章第 3 节；第 6 章第 3 节）

关西大学大学院社会学研究科博士课程前期课程毕业（2010）

现在，关西大学心理临床中心，临床心理师

著作：『フォーカシング指向アートセラピー：からだの知恵と創造性が出会うとき』誠信書房（共訳 2009）

　　　『フォーカシングはみんなのもの　コミュニティが元気になる 31 の方法』創元社（共著 2013）

田中　秀男（Hideo Tanaka）（第3章第1节；第6章第3节）

关西大学大学院文学研究科综合人文学哲学专业博士课程前期课程毕业（2014）

现在，关西大学大学院心理学研究科博士课程后期课程在读

著作：『ジェンドリンの初期体験過程理論に関する文献研究：心理療法研究におけるディルタイ哲学からの影響（上、下）図書の譜：, 8, 56–81；9, 58–87』明治大学図書館紀要（2004—2005）

『「一致」という用語にまつわる問題点とジェンドリンによる解決案　人間性心理学研究　**33**(1)、29—38』（2015）

『フォーカシング創世記の二つの流れ：ＥＸＰスケールとフォーカシング教示ほうの源流　Psychologist：关西大学临床心理专业大学院紀要，**6**, 9-17』（2016）　等

冈村　心平（Shinpei Okamura）（第3章第2节；第6章第3节、第6节）

关西大学大学院心理学研究科心理临床专业专职学位课程毕业（2011）

现在，关西大学大学院心理学研究科博士课程后期课程在读，临床心理师

著作：『なぞかけフォーカシングの試み－状況と表現が交差する"その心"－Psychologist：关西大学临床心理专业大学院紀要, **3**, 1–10』（2013）　等

『フォーカシングはみんなのもの　コミュニティが元気になる31の方法』創元社　（共著 2013）

『Gendlinにおけるメタファー観の進展 Psychologist：関西大学臨床心理専門職大学院紀要, **5**, 9–18.』（2015）　等

三宅　麻希（Maki Miyake）（第3章第3节）

关西大学大学院文学研究科博士课程后期课程毕业（2008）

博士（文学）

现在，四天王寺大学人文社会学部讲师，临床心理师

著作：『アート表現のこころ：フォーカシング指向アートセラピー』誠信書房 共著（2012）

『フォーカシング指向アートセラピー：からだの知恵と創造性が出会うとき』誠信書房 翻译审校（2009）等

筒井 优介（Usuke Tutui）（第 6 章第 3 节、第 4 节）

关西大学大学院心理学研究科心理临床专业专职学位课程毕业（2014）

现在，关西大学大学院心理学研究科博士课程后期课程在读

难波生野医院心疗内科大阪精神健康中心咨询师，临床心理师

著作：『夢 PCAGIP の試みーグループにおける相互作用の活用－Psychologist：関西大学臨床心理専門職大学院紀要, **5**, 73-81.』（2015）等

矢野 归依（Kie Yano）（第 6 章第 3 节、第 5 节）

关西大学大学院文学研究科博士课程后期课程毕业（2011）

博士（文学）

现在，大阪基督教短期大学准教授，临床心理师

著作：『体験過程流コラージュワークと意味の創造 人間性心理学研究, **28**(1), 63-76.』（2010）

『クライエントの自己理解が生まれ、生が進展するプロセス：暗在的理解が言葉になるということ 心理臨床学研究, **30**（5），609-620.』（2012）

『フォーカシングはみんなのもの コミュニティが元気になる 31 の方法』創元社（共著 2013）等

平野 智子（Tomoko Hirano）（第 6 章第 3 节、第 7 节）
关西大学大学院社会学研究科博士课程前期课程毕业（2010）
现在，关西医科大学心理学教室客座讲师
难波生野医院心疗内科大阪精神健康中心咨询师等
关西大学大学院心理学研究科博士课程后期课程在读
临床心理师
著作：『フォーカシング指向アートセラピー：からだの知恵と創造性が出会うとき』誠信書房 共译（2009）
『対人援助職支援としてのフォーカシングの有益性の検討－産業保健師を対象として－. 心身医学, **52**（12）：1137-1145. 2』（2012）
『クライエントの自己理解が生まれ、生が進展するプロセス：暗在的理解が言葉になるということ 心理臨床学研究, **30**（5），609–620.』（2012）等

青木 刚（Tuyosi Aoki）（第 6 章第 8 节）
关西大学大学院心理学研究科博士课程后期课程毕业（2016）
博士（心理学）
现在，京都橘大学健康科学系心理学专业助教，临床心理师
著作：『FMS ver.a.j の妥当性と信頼性の検討 Psychologist：関西大学臨床心理専門職大学院紀要, **2**, 33–41.』（2013）
『フォーカシングとフォーカシング的態度 心理相談研究：京都橘大学心理臨床センター紀要, 創刊号, 3–9.』（2015）等

序　言

在心理治疗或心理咨询中听人说话叫做"倾听"。这已经得到了"心理临床学"领域的实践、理论和研究的支持。"聚焦"是从人的体验中发现意味的意识活动。"倾听/心理咨询""心理临床学/临床心理学""聚焦"——关于这些的任何一部分现今都有大量的出版物充斥世间。确切地说，本书或也不过是世间"心理咨询书"中的一本。

但是，本书有几个特色。第一个特色是"倾听"（A）、"心理临床学*"（B）、"聚焦"（C）三个主题不是并列的，不是对 ABC 各自的解说。这是一本主张通过 C 来使 A 和 B 得到更新换代的书。更新什么？如何换代？对于刚刚涉及这个领域的读者来说或许会难以明白。不用担心。本书会详细地解说过去的理论，"更新的是这个"，而"以前的是那个"，所以我们也可以把本书当作心理临床学/临床心理学的教科书来读。

还有一个特色是副标题的"感觉·说话·倾听的基础**"。发现"聚焦"的是美国的哲学家尤金·简德林博士（Dr. Eugene Gendlin）。我们或可以把他的哲学通俗地表达为从"感觉"出发来回答人的体验和生的状态是如何成立的这样一个提问（在本书的执笔过程中有一本关于简德林哲学详细的书籍出版了***，我向关心简德林哲学的读者包括初学者推荐这本书）。笔者硕士生时代的恩师

---

* 本书的日语原书的主标题含"心理临床学"一词。——译者注

** 本书的日语原书的副标题直译过来是"感觉·说话·倾听的基础"。——译者注

*** 三村尚彦，《早期简德林的哲学与体验过程理论——不断叩问体验的哲学》第一卷（初期ジェンドリン哲学と体験過程理論　体験に問い続ける哲学第一巻）ratic（2015）

简德林博士提倡他独自的现象学以及现象学的方法。本书不是哲学书所以没有直接涉及简德林哲学,而且本书中也没有使用"现象学"的专业用语。现象学是保留各种各样想法和理论说明而观察现象本身的方法。在本书中要观察"'感觉'是如何存在的"。"在感觉的深处有潜意识呢"等主张已经是受到了"有潜意识"的想法的影响。我们要排除这样的想法,朴素地去观察"所谓的感觉是如何存在的"。因为理解"感觉"本来具有的性质对于进行心理咨询非常重要。

本书也同样发问:人在说话的时候究竟发生了什么呢?"付诸语言"是怎么回事呢?心理治疗师、心理咨询师等在"听"的时候究竟在做什么?不仅仅是听觉刺激在输入大脑,在心理治疗师的内在体验中生起了什么呢?本书在解明"感觉·说话·倾听"的基本性质的基础上要让倾听和心理临床学更新换代。因为这个更新换代是根据聚焦创始人简德林博士的思想,通过聚焦来实现的,所以才取了这样一个书名。

上面说到聚焦是"从人的体验中发现意味的意识活动",促进这种活动的倾听方法和互动方法叫做"聚焦",也就是说,这些是"作为方法的聚焦"。第5章详细解说了简德林博士提示的"倾听"的方法和"聚焦简易法"。第6章介绍了笔者和研究生们一起思考、研究的几种聚焦方法。

如果再举出一个本书的特色的话,那就是表现手法相当丰富。理论解说有时候会单调,不仅烧脑还让读者感觉疏远。所以在第1章用了"随笔"的表现手法,以第一人称即笔者鲜活的体验来解说理论。本书中还出现了来访者和治疗师的互动记录,甚至还有虚构的来访者和治疗师登场。所以表现手法也是本书的特色,通过这些手法来使各位读者获得贴身的体验。

对于心理咨询的初学者,本书提供了一个机会,去了解心理咨询师(治疗师)们是怎样理解、怎样互动的。而对于各位心理临床的资深老将来说,如果回到"感觉·说话·倾听的基础"能让自己的临床工作为之一新的话,笔者将不胜荣幸。

目　录

中文版推荐序 ··· I
译者序 ·· III
中文版前言 ··· VII
执笔者介绍 ··· IX
序言 ·· XIII

第1章　古典心理治疗理论 ··· 1
　　1. 心理治疗的种类和人性观 ····································· 1
　　2. 心理治疗、精神分析以及人本主义心理学 ············· 4
　　3. 行为疗法的三个时代 ·· 26

第2章　感觉是如何存在的 ·· 35
　　1. 心理治疗与"感觉" ·· 35
　　2. 体会和感受 ··· 36
　　3. 感觉是如何存在的？ ··· 39

第3章　在说"感觉"的时候发生了什么 ························· 47
　　1. 感觉与语言 ··· 47
　　2. 心理临床与隐喻 ·· 53
　　3. 体验过程方式（通过EXP量表）的视角 ················ 59

第4章　治疗师在倾听时发生了什么 ······························ 67
　　1. 治疗师在倾听的时候发生了什么？ ······················· 68

	2. 反射	74
	3. 追体验	82
	4. 心理临床诸概念的更新换代	86
	5. 本章的小结	88
第5章	**倾听的更新换代与聚焦**	**89**
	1. 倾听中的聚焦：简德林的"倾听指南"	90
	2. 作为教学法的聚焦	101
	3. 罗杰斯 & 简德林：倾听理论的更新换代	122
第6章	**各种聚焦方法的不断发展**	**131**
	1. 正念与聚焦：青空聚焦	131
	2. 逐字记录的青空聚焦案例	140
	3. 对逐字记录案例的点评	149
	4. 聚焦与释梦	156
	5. 艺术治疗与聚焦	165
	6. 日语与聚焦的交叉："汉字一字"和"猜谜"	173
	7. 心理临床师做的治疗师聚焦	181
	8. 聚焦态度的问卷研究	191

后记 ·· **199**

参考文献 ·· **203**

关于附录论文的说明 ·· **223**

附录一 体验过程对于心理治疗理论的根本性冲击：
对于两种交叉的检验 ·· **225**
    1. 体验过程ـــ 225
    2. 体验过程和追体验：反身ــــــــــــــــــــــــــــــــــــــ 227

3. 第一种交叉：追体验以及理解他人 ················· 229
　　4. 交叉和主体间现实 ································· 233
　　5. 被推进了的过去 ··································· 235
　　6. 第二种交叉：两个语境的隐喻性交叉 ··············· 236
　　7. 两种交叉并非孤立存在 ····························· 239
　　8. 对心理治疗理论的意义 ····························· 240
　　致谢 ··· 241

附录二　向日葵、沙丁鱼和回应性共同身体过程 ··············· **243**
　　1. 引言 ·· 243
　　2. 向日葵 ·· 244
　　3. 沙丁鱼 ·· 250
　　4. 觉察的前反身和反身性模式 ························ 252
　　5. 向日葵、沙丁鱼和反身性觉察 ······················ 253
　　6. 共同身体过程会进行回应 ·························· 255
　　7. 一些含义 ··· 256

附录三　汉字智慧与聚焦取向心理疗法的相遇 ··············· **261**
　　1. 前言 ·· 261
　　2. 汉字聚焦的理论 ···································· 262
　　3. 汉字聚焦的基本操作 ······························· 264
　　4. 案例示范 ··· 265
　　5. 小结 ·· 267
　　参考文献 ··· 268

第1章 古典心理治疗理论

1. 心理治疗的种类和人性观

听说过"有多少心理治疗师就有多少种心理治疗"这样的话。确实,也许就是这样。这和"有多少咖啡店,就有多少种咖啡的味道"的说法差不多。哪一家咖啡店都有自己调制的咖啡,把巴西咖啡、乞力马扎罗咖啡、摩卡咖啡、科纳咖啡、蓝山咖啡等混合调配,也就是调合起来,来表现这个店的个性。不管怎么调合,咖啡还是咖啡,但咖啡的味道并不是哪个店都一样。心理治疗也是如此。虽然确实都是心理治疗,却是从心理治疗大师学来的理论和方法中汲取适合自己的想法的部分,然后调合或整合为适合来访者情况(如果在咖啡店的话,就是"客户的喜好和要求")的方法。正是这个"整合",作为这个治疗师(心理治疗师/心理咨询师)的个性,给来访者留下了鲜明的印象。

一般有名字的咖啡豆的种类是以产地来分类的,大概有十四种。心理治疗的种类一般被认为要比咖啡的种类要多得多。但是,说不定或许不是这样。其实即便以"巴西"这个产地来分类,巴西是世界上拥有国土面积第五多的国家。说"巴西",其实有各种各样的气象条件,在巴西咖啡中也有各种各样不同的味道。这样一想的话,心理治疗的种类,其实比咖啡的种类要少。所以经典的或者"古典的"心理治疗的基本学派是三个加"其他"。这也许可以比喻为政党。心理治疗的学派,用政党来比喻的话,就是存在"三大政党"和"无党派"。核心的三个"取向（学派）"是精神分析（psychoanalysis）、人本主义心理学*（humanistic psychology）和行为疗法（behavioral therapies）。因为这三个学派的人性观有很大的不同，所以他们的临床观也大相径庭。"精神分析"认为驱动人的是幼少年期形成的潜意识。"人本主义心理学"不重视潜意识而重视此时此地的意识体验，帮助人如本来的样子去活出自己。"行为疗法"既不重视潜意识，也不重视意识，而是把关注焦点放在行为上，致力于如何使行为转变。不仅如此，在这些学派内部也有不同的想法和不同的人性观，这就像在一个政党中也有"○○派"、"○△派"等许多派别存在。在治疗师中，在一个学派内也有整合"○○派"、"○△派"和"△△派"的理论和技术的人。甚至还有跨越学派框架整合精神分析学派的○○派和人本主义心理学派○△疗法的治疗师。存在着无数这样的组合。这就是治疗师的个性。

今天，不经过自己整合，与某个学派的创始者有完全相同的想法和技术的治疗师为数极少。

在本章中，我们来看一下这"三大派别"基本的人性观。要掌握心理治疗的实际做法需要数年的训练，所以想通过本书就能掌握三大派别的操作实务是不可能的。本章的目的在于搞清楚这三大派别是如何看待人性、是如何理解心理治疗的。然后，读者就可以像咖啡店的店长一样品尝三大派别代表性的咖啡豆，品味一下，今后自己想要向哪个方向去学习。

也许会有读者对上面强调的"人性观"感到不可思议。胃有剧痛去医院就诊时，医生怎样观察正在诉说胃痛的患者这个人，首要的问题不是人性观。比人性观更要紧的是正确地诊断这个胃痛是怎样引起的，必须对这个病进行有效的治疗。在身体疾患的"诊断与治疗"上通常没有人性观介入的余地。在这一点上，虽然心理治疗和身体医学上的治疗都在用"治疗"

---

*日文原文为"人性心理学"，本书按照中文习惯译为"人本主义心理学"。——译者注

这个词，但是其思考方式有很大的区别。

在精神医学和心身医学（精神内科学）上，患者作为一个人感觉到的（情绪）、想到的（认知）及其行动的方式，即所谓的"心"成了治疗的对象。虽然在诉说胃痛，但是当什么样的检查都没有发现身体上的异常的时候，医生在以前的身体医学的思路之外还需要加上本书所解说的"人性观"。本书所说的"心理治疗"在精神医学上叫做"精神治疗"，但是这些只是"psychotherapy"的不同译法，实际是同一个意思。

本书要解释的不是"怎么治疗焦虑障碍？"的实践，而是关于"本来人感觉到的焦虑是什么？它有什么意义？"的人性观问题。在心理治疗的三大学派中的行为疗法以前是不提人性观的。行为主义认为比起怎么样看待人更重要的是怎样才能改变行为。不过在本章第3节读者可以看到，这种思考方法最近也开始变化，开始引进行为背景中的认知方式以及"正念"的佛教冥想的思考方式等。

从正念这种以佛教为基础的东西，到以潜意识中的幼儿性欲为基础的东西，再到比潜意识更强调意识作用的基本思考方式等，其实在心理治疗中存在着各种各样的人性观。

本章要介绍三大学派的精神分析、人本主义心理学和行为疗法。对于精神分析和人本主义心理学，我准备着重介绍其代表性的一位先驱者的理论。其中的各种流派有许多重要的临床专家，不可能一一介绍，所以各种取向各着重介绍一个人的人性观。而且在介绍的时候回避抽象、哲学的论证。为保持个人第一人称的风格，以笔者回想大学时代写的随笔为基础来解说。还有，人以什么样的背景对心理临床的领域感兴趣，这个背景对于这个人的临床观和人性观也有很大的影响。因此，笔者要记录自己对心理学，尤其是心理治疗论抱有兴趣的背景，也就是笔者所说的"成长史"。所以，下面的第2节分为3个部分，描述了3个时期。2.1与心理学相遇，2.2与弗洛伊德的精神分析相遇，以及 2.3 与人本主义心理学的先驱者之一的罗杰斯的心理治疗论相遇。

2. 心理治疗、精神分析以及人本主义心理学

2.1 从海港城到心理学

在我生长的年代，神户海港城市的氛围与今天的神户大不相同。当时神户是亚洲最大的贸易港，所以外国船多得进不了港。曾经听说进不了神户港的时候就去姬路港。总之外国船停泊了许许多多。当时不像现在用计算机控制起重机卸货而是人工操作，所以船停的时间很长。而且船本身也没有今天用计算机控制的操纵系统，所以船上有很多船员在工作。从进港的船上来的货物和船员都涌入了神户这个城市。

不仅有船员，海外商社的驻在员及其家属们也住在神户。在神户出生、成长的外国人的孩子很多，所以在神户竟有六所国际学校。因为外国人多，当然领事馆也多。当时在神户有十七个国家的领事馆。在领事馆工作的许多人及其家属也住在神户。我记得光我同班同学中就有六个领事的儿子。他们的父母开着"领－○○○○"车牌的大车去购物，在热闹的元町到处随意停车造成了麻烦。我回想着这样的光景。但是，这样的光景已经看不见了。现在领事馆只剩下一个，其余的都从神户消失了。

我们就是在那个时代与那个地方的交叉点出生的。我家后面的路边住着荷兰人、德国人和美国人。前面的路边住着中国香港人。虽然自家周边的住宅住着日本人，但是我为什么只记得荷兰人、德国人、美国人、中国香港人的家呢？因为在这些家里有和我差不多大的孩子。尤其是和荷兰人家的罗比有着许多故事。总之，我们都是"淘气包"。两个人上日本的幼儿园，很快就不上了。幼儿园也有"退园处分"吗？肯定不会有。也许是"请

领回去吧"。记不太清了。不过记得是我和罗比转入了国际学校的幼儿园。从某种意义上说，也许可以说我的苦恼在那里开始了。在我的内在，如果作个比喻的话，有英语频道和日语频道两个电视频道。结果有的时候这两个频道映出了不同的世界。

大概是上小学的时候吧。在学校里我注意到毛毛虫动的样子很有趣，把毛毛虫放在手上长时间地观察。而且因为它动的样子太有趣了，我回家想要说给母亲听。但是不知道"毛毛虫"的日语叫什么。在英语环境的学校里这叫 caterpillar。我除了知道这是叫做 caterpillar 的生物不知道其他的称呼。记得很兴奋地向母亲说了和 caterpillar 玩了，很有趣。于是妈妈说：

"caterpillar？那是什么？"（父母都是博多方言）

"虫子。"

"什么样的虫子？"

"有好多脚的虫子"

因为没能表达清楚，我就把它画下来给母亲看。画画得很不像样。自己画着似乎觉得有什么地方不对。把画好的画给母亲看，母亲一看就叫起来。

"这个！和这个玩了?！"

结果引起了一场大风波。

"不准再碰！它是有毒的，是蜈蚣。"

结果我有些害怕了。不过，我又不知道在什么地方微微感觉到蜈蚣不像是可怕的东西。英语频道中放映的有趣的生物在日语频道中没有放映。或者在日语频道中放映的是可怕的生物。所以，以日语频道看的母亲看不到我以英语频道看的世界。

如果是虫子这种具体的生物问题就没那么复杂。但是到了青春期，在与人相处的方式呀、恋爱呀等象征性的问题上，英语频道和日语频道就显得越来越背离。我自己也不太知道哪边的频道才是"真正的自己"。

在8年级到9年级（以日本的教育制度来说是初中2年级到3年级）的

时候我开始思考"真正的自己"到底是在哪一边了。换了频道，我自身就变了，〈身体〉（参照第2章）也不同了，我觉察到这一点了。也就是说，我觉察到因为语言变化，动作举止和心情就不同了。回到日语频道来观察英语频道时的表现就会感觉"态度傲慢"，而感觉在日语频道的自己"懂礼听话"。对初次见面的人说"初次见面"的时候就如行礼般身体会自然做低头的动作。但是同样的情况如果是在英语频道上的话，与"How do you do（你好）"的语言相连动，身体有要过去和对方握手的感觉，右手自然就伸出去了。

如果是日语的话，是不是因为低了一下头，对人会有一点腼腆焦虑的感觉呢？英语就没有这种焦虑。"真正的自己"是腼腆内向的性格？还是外向的？哪一个呢？我经常思考这样的问题。并且似乎觉得心理学就是学习关于这类事情的领域。现在回想起来，这可以认为是我进入心理学的一个因缘。

还有一个思考的问题，认为"心理学是文科，就学心理学吧"。成了大学生后知道了心理学也必须要学数学，但当时不知道这样的事情，也不想知道。我讨厌数学，已经不可救药。

现在回想起来，我原本并不讨厌数学，只是想不通算术，觉得别扭得很。这是从小学开始的。是围绕零的问题。说是零乘以什么或除以什么都等于零，零除什么就无意义。当时我是不明白，现在也是……

这里有1只可乐瓶，用零去除它等于零，但是1只可乐瓶仍然在眼前。不是应该是 $1 \div 0 = ？\ 1$ 吗？因为眼前的可乐瓶没有消失。

理论的牛角尖就不钻了，反正都是已经定好了的，计算题都是按零除以或零乘以来出的，总之写上零就行了。也许大家都是这么想的，但是我却较了真，一意孤行地写上了数字的答案。$256 \times 0 = 256$。所以像数学这样的，完全超越了我理解的范围。

对心理学有兴趣的我最初读的这个领域的书是弗洛伊德和布洛伊尔合著的《癔症研究》（*Studies in Hysteria*），在我是高中生的时候。其实是在图书馆借错了。我每个星期在图书馆借一本推理小说,有一天不知怎么的拿了一本不同的书回家了。那是一本平装版的《癔症研究》。知道弗洛伊德这个人的名字。在课堂上还是在什么地方听说过这个人,他开创了精神分析。当然,作为高中生的我不可能完全理解这本书的内容。不过也不是完全够不到的难懂的读物。在实际的案例研究中,随着潜意识的动机被解明,患者安娜·O的症状消失了,这和我在推理小说中抱有的兴奋雀跃感是共通的。

随着这样的状态,是心理学?还是精神医学?因为数学不行,理科的医学系精神医学不是我的范畴,那便是心理学了,自己大致决定了,我就选择进心理学了。

作为波士顿大学(Boston College)文理学系的心理学专业的一年级学生,期待在胸口跳跃。第一次上心理学课,是Psychology 101(心理学101,美国大学入门课/概论科目的科目编号为101)。那个时候的心理学101分为前期和后期。前期是"作为自然科学的心理学概论",后期是"作为社会科学的心理学概论"。或者也可以反过来修课。我先选了自然科学。不怎么记得为什么那样选了。总之上课让我吃惊的是心理学是科学这一点远远超出了我的想象。心理学是实证证明的科学。所以,要么是以实验证明,要么是以收集统计数据来证明。我最初通过上课知道的是这些重视科学方法论的心理学被定义为"行为科学"或"心的科学"。

讲概论的教授穿着白大褂上课,装成一副"好像是科学家"的样子。在授课中给我们介绍了他自己研究的主题"母性行为研究",因为这不能用人来做实验,所以就用老鼠来进行实验。授课讲的就是这些内容。授课中各种各样的专业术语毫不留情地登场了。神经传递物质?雌性激素?从半道起就不明白了。然后下一个学期,心理学专业的学生还必须履修统计学。在书店拿起"心理学的统计学"的教科书看了一下,全是些不想再看第二次的数学。$\sqrt{n}$ 和平方根等到处都出现。那个时候和现在不同,没有用计算机软件计算的事。都是学生用计算器手工算。但是在那之前,我只是拿到教科书就想吐了。

9月(新学期)的波斯顿郊外,在美丽的红叶林荫道散步,我在公园的长椅上坐下,风摇撒着落叶和我的思绪叠在一起。我在高中的时候想学的难道不是心理学?这样一想,我的学习欲望就像落叶一样撒了一地。

2.2 与弗洛伊德的精神分析相遇

(1)发现潜意识

拯救我的是哲学的授课。"弗洛伊德思想"在哲学课上开讲了。我在高中的时候读到过,西格蒙德·弗洛伊德(Sigmund Freud: 1856—1939)是开创了精神分析的奥地利医生。就是写那本《癔症研究》的人。而那门课就从那本《癔症研究》开始。担任授课的是理查德·斯蒂芬(Richard Stevens)博士,他对弗洛伊德开创的精神分析知之甚详(在英语中"Doctor"是博士的意思而不是医生的意思。美国的医学教育,全员都修大学院博士课程,所以毕业了的医生全部是博士,也就是"Doctor"。同样,哲学也好,心理学也好,博士不问学问领域都称作"Doctor")。老师说他原来的专业是胡塞尔和维特根斯坦,但是他留学法国的时候有名的哲学家保罗·利科(Paul Ricoeur: 1913—2005)正在写关于弗洛伊德的著作(Ricoeur,1977),当时他当过这位哲学家的助手。但是老师没有接触过利科的哲学。授课全是讲读弗洛伊德的著作[后来斯蒂芬博士自己也出版了弗洛伊德的研究著作(Stevens,2005)]。我通过那门课开始热衷于弗洛伊德的精神分析了。

来介绍一下奥地利医生西格蒙德·弗洛伊德开创的精神分析(psychoanalysis)吧。在我读的《癔症研究》中的病例安娜·O是弗洛伊德的学长布洛伊尔(Josef Breuer: 1842—1925)作为主治医生的患者。据说弗洛伊德后来接手了这个患者。在这个病例中，布洛伊尔和弗洛伊德发现不了医学上的原因，当时就作为叫做"转移性癔症"的麻痹等身体症状进行了治疗（"转移性癔症"现在叫做身体表现性障碍或解离性障碍）。试了一下催眠，在催眠中本人不愿意承认的记忆等苏醒过来了。他们观察到一旦说完这些记忆，症状就消失了。也就是说，在癔症症状的背景中的某个要因并不由患者的意识掌控，他们于是就想到了这些要因在潜意识中。他们记述道：癔症是"苦于记忆"。也就是说从意识中忘却过去痛苦的记忆，把过去的记忆封闭在潜意识中。患者安娜·O把他们的治疗叫做"谈话治疗"。布洛伊尔把这种治疗叫做"烟囱扫除法"，后来被称为"精神净化（catharsis）"。"catharsis"原来是希腊语，意为"净化"。据说最初是希腊哲学家亚里士多德（公元前384—322）用这个词来表达悲剧给观众带来的效果。总之"catharsis"或"谈话治疗"可以看作最初心理治疗（心理咨询）的记述。不是使用药物，而是通过"谈话"来尝试治疗。这正可以说是心理治疗的先驱。

体验了安娜·O的病例不久，弗罗伊德为了研究潜意识赴法国留学以正式地学习催眠。后来他放弃了催眠打算通过自由联想法来解放被潜意识封闭的记忆。

弗洛伊德的伟大之处，是他从这样的病例构建了关于人的精神的理论。潜意识的认识方法是其核心。我们也许平时很随意地使用"潜意识里"这个词，但是对于弗洛伊德来说，潜意识是不准回忆的记忆被封闭的精神领域。在那里，封闭——叫做"压抑"——的力在起作用，这是为了不让在那里被压抑的东西到现实世界中来。被封闭的东西是危险的。危险的东西如果不被封闭就会找机会到现实世界中来。所以我们人的心里老产生"纠结"。因为这种纠结是关于潜意识的内容，所以这种纠结本身也是潜意识的，我们连纠结这件事都觉察不到。纠结对所有的人都起着作用。因为人把什么封闭进了潜意识的世界。那是什么呢？是本能或者是本能的能量。

(2) **力比多与其发展阶段**

弗洛伊德为它起了"力比多"的名字。就是本能的性的欲动。弗洛伊德把性的欲动叫做"力比多"是因为力比多包含了所有的快乐。从婴儿的时候起已经有要求本能快乐的欲动。从那个时候就存在，因此这不是普通意义上的"性"。所以弗罗伊德就起了"力比多"这个名字。这个力比多是欲动，它很快就朝向异性的父亲或母亲。这是近亲相奸愿望。这样一来，关于这个的恐惧就产生了。因为这种恐惧太强烈了，于是连有过这样的事也忘记了。所以我们幼儿期的记忆是不鲜明的。

力比多有发展阶段。也就是说，本能的能量在不同发展阶段朝向身体不同的部位。从出生到1岁左右，力比多集中在口周围。所以这叫做"口欲期"或"口唇期（oral phase）"。在吮吸妈妈的乳房感到快感的同时，依恋和信赖也在成长。而且，咬着妈妈的乳头看妈妈反应的"口欲期施虐"也在这个时候发芽。口欲期的力比多发展阶段成为"性格原型"。潜意识固着在口欲期快乐，形成喜好接吻、依赖的依存型性格的基础。而且口欲期施虐的人形成用语言咬住不放，不能安心依赖的性格原型。

从1岁到3岁，力比多能量移向肛门，是肛门期（anal phase）。孩子在这个时候肛门括约肌已经能够自行调节，能够控制排便了，是可以拿掉尿布的时期。于是关注移向肛门。孩子喜欢"屁股""大便"和"放屁"等话题。如果固着在肛门期，性格原型为认真、强迫、喜欢整理，相反的会形成情感爆发、乱丢乱放、喜欢给人礼物的性格基础。

从3岁到5—6岁，弗洛伊德认为是"阴茎期（phallic phase）"。本能的能量在这个时期朝向阴茎。所以男孩一接触阴茎就会感觉心情好。而且通过具有阴茎认识到自己是男的。从此开始胡思乱想，开始怀有"和妈妈结婚"的愿望。这种愿望被叫做"俄狄浦斯情结（Oedipus complex）"。希腊悲剧俄狄浦斯王如预言杀了父亲，和母亲结了婚。男孩近亲相奸的愿望伴随着被父亲查出的恐惧。并且会感觉到被父亲觉察时阴茎就会被割走的"阉割焦虑（castration anxiety）"。因为这种焦虑，就会忘却以前的性欲动，发生"幼儿性健忘（infantile amnesia）"。弗洛伊德认为5岁以前的记忆不太清晰，就是因为这个原因。

由俄狄浦斯情结如何解消（resolve）形成了对父亲的权威非常顺从的性格，或相反，对权威形成反抗性的性格。另外，关于女性，弗洛伊德记述着与俄狄浦斯情结相对的"伊拉克特拉情结（Electra complex）"。但是据说弗洛伊德曾经流露过他不太懂女性。

（3）精神构造

弗洛伊德在力比多发展阶段之外，还思考了另一个构造论。精神是由三部分组成的构造。作为本能能量"坩埚"的"本我（英语：id，德语：das es）"，能现实性地思考的"自我（英语：ego，德语：Ich）"和内化社会道德的"超我（英语：super-ego，德语：Überich）"。本我的原词在德语表达为"es"，是"这个"的意思。因此在英语中"it"是正确的译法，但是因为不能与普通的it相区别就有了造词"id"。自我的原词在德语中是"Ich"，也就是"我"。超我的原词在德语中是"Überich"，也就是"超我"。只有"我（自我）"的部分活在现实世界。意识是自我的功能。弗洛伊德认为自我活在"现实原则（reality principle）"中，即自我是现实地思考事物的精神部分。

在自我部分以外的潜意识领域中，本能的能量不断地从本我的坩埚出来。因此，弗洛伊德认为本我受"快乐原则（pleasure principle）"支配。例如，想要进行性行为的能量常常从本我出来。这一旦流入现实原则中会怎么样？人会现实地思考性行为的方式。其他动物做不到。本我常常提供能量，所以人常常想要进行性行为。于是，为了不让本能的能量充斥（discharge）现实世界，必须要有控制装置。这个心的装置就是超我。因为超我内化了社会的道德观，所以一旦判断这种场合不合适，既可以暂停，也可以把这种欲动自身封闭到潜意识中，可以以"良心"为基础来判断情况。

与力比多的发展阶段不同，精神的部分的状态形成了这个人的性格要因。"大家到加利福尼亚去旅行吧"，在商量的时候，先算计"要花多少钱呀？"的人可以说是自我比较强的人。自我作用弱的就会"想去！"感情用事地行动。超我强的人就会经验"不管怎么说，花钱总是不好"的禁止令而要远离愉悦。弗洛伊德认为这三个部分构成了一个"心的装置（psychic apparatus）"。

（4）防御机制

弗洛伊德详细地观察了本我的本能能量通过自我充斥现实世界时被超我阻挡，而且有若干种阻挡的方式。弗洛伊德称之为"防御机制"。防御是自我的潜意识部分在工作，是意识不到的。例如，有想打人的攻击性能量的场合，为了不让自我在现实中实行，像"肯定那个人想要打我"的替换防御被叫做"投射"或"投影（projection）"。取代实施性行为的"研究动物的性行为"是"理智化（intellectualization）"在起作用。把想和母亲进行性行为替换成其他人的防御叫做"置换"或"取代（displacement）"。沉迷于空想，言语幼稚，回避现实，这种回归幼儿的防御叫做"退行（regression）"。还有其他防御。我们在不知道的时候身上有了某种防御并成了性格的一部分。这在精神分析上叫做"性格防御（characterological defense）"。弗洛伊德认为，性格是通过力比多发展阶段和心的装置的作用状况以及防御机制自幼儿时形成的。

（5）厄洛斯和塔纳托斯

弗洛伊德认为本能的原形其实并不是力比多。更基本的有两个本能。生的本能有"厄洛斯（Eros）"。而相反的是想回到无机物的死本能"塔纳托斯（Thanatos）"。塔纳托斯采取攻击性的方式。虽然有性和攻击性两个本能的向量，但也许真正只有塔纳托斯。人都想死。但是那样的话人类就灭亡了，所以启动厄洛斯的防御运作机制。

（6）双重的时间

假设我现在被某个出色的女性吸引。那，是本来我就感到那个女性很出色吗？事实上，在意识中我不知道原因。但是潜意识中却有确凿的理由。我把这个女性看作了我的母亲，然后像对母亲依恋般地想对这个女性依恋撒娇，连话也说得幼稚了。我的意识现在是活在现实的生活中，但是潜意识还继续活在幼少时和父母的关系中。时间成了双重的了。在一瞬间有现在和过去。活在现在的意识和活在过去的潜意识。意识和潜意识哪个占上风呢？当然是潜意识。根据潜藏在我潜意识中母亲的记忆，我的意识看到异性就心动了。如果我的潜意识里有不同的母亲形象，我肯定会被不同类型的女性所吸引。

（7）*治疗的方法*

为了搞清楚在来访者潜意识中隐藏着的精神动力（dynamics），弗洛伊德最初使用了催眠。但是后来催眠用得少了，开始使用释梦和自由联想（free association）。在自由联想中被分析者（来访者/接受精神分析者）横躺在长椅上，精神分析师坐在被分析者看不到的位置上，倾听被分析者浮现上来的联想。有的时候沉默，浮现不想说话的联想和什么也不浮现的"阻抗"（resistance）——什么也不浮现是防御，在这个没有中，弗洛伊德认为应该是有什么——被观察到的时候，尤其要催促继续说话。这样说话就慢慢移向幼儿期的亲子关系，意识到的话，被分析者会意识到自己已经把分析师与父/母重合在一起。例如像对父亲一样地对分析师。弗洛伊德把这样的和父/母的重合叫做"移情（transference）"，把幼儿期各种各样的场面在转移中被再体验、"洞察（insight）"被分析者心的真相的彻底分析叫做"修通"(working through)。

在弗洛伊德时代,自由联想每周4—5次,每次约1小时,来访者躺在长椅上进行分析。现在这样的方法几乎没有地方在做了。现在一般是每周1次坐在对面的椅子上进行约50分钟的面询。所以,在现在的心理临床中并不进行严密的精神分析,而一般是运用精神分析的理论和概念来理解来访者的状态。

(8) 精神病理学

所谓的精神疾病是什么?从弗洛伊德的精神分析理论可以考察各种各样的精神病理。弗洛伊德自身主要诊治"神经症水平"的障碍。所谓"神经症水平"不是思维上的障碍而是情绪不安定等障碍,在其背景中掺杂着焦虑。弗洛伊德认为人进行逻辑性、科学性的思考是正常的,情绪应该被防御,认为宗教是幼儿全能观(在幼儿期体验到的"什么都能的感觉")的投射,沉静在音乐和舞蹈般的情绪中是退行(回归幼儿)。后来奥地利精神分析家恩斯特·克里斯(Ernst Kris,1900—1957)提倡"为了自我而退行(regression in the service of the ego)"的概念,甚至认为在艺术创作和音乐鉴赏中沉浸于情绪就是退行也是为了自我,精神分析中的感觉是非逻辑的东西,没有用,是幼稚的。

总之,我可以这样来理解这种人性观:严严实实地防御起来的、冷静的、逻辑性的人是正常的。那么焦虑等体验到的〈感觉〉是怎么回事呢?那表示严严实实构建起来的防御崩溃了。所以,所谓焦虑障碍等"神经症水平"的疾病是由"防御的破绽"引起的。而如果防御发生破绽,遵从现实原则的自我就被非逻辑的情绪压到了。以自我思考不能理解的情绪压过来,结果使得人不能集中于工作,不能适应社会生活。我可以认为在弗洛伊德的精神分析中有这样的人性观的侧面。

（9）潜意识与决定论

弗洛伊德提倡的精神分析理论关注潜意识的活动。"意识是冰山的一角"。在海面上可以看见的是很小的部分，冰山的大部分是潜意识。只动冰山可以看见的部分是不行的。冰山动的时候是水面下的部分在动，与此连动，看得见的部分也动了。弗洛伊德还记述着"前意识（pre-conscious）"的意识领域。前意识是潜意识和意识的中间领域，是回想的话可以回想起来的记忆保存的地方。用冰山的比喻的话，前意识是靠近海面的地方，从那以下是潜意识，潜意识不动意识也不动。在意识中无论怎么想"不要焦虑"也没用。必须要洞察水面下焦虑的本来面目。即便是回顾一下没有特别的疾病、健康平常的人的判断，也可以明白那些判断也不是逻辑思考的结论。我为什么喜欢穿牛仔裤呀？为什么喜欢爵士乐呀？为什么喜欢狗呀？为什么从事这个工作呀？找不到逻辑性的理由。不过理由确实是有的，在潜意识里。而且那些是潜意识，所以在那里意识是被禁止的。弗洛伊德认为是稽查者（censor）在工作。人的生活被不懂什么叫得体的潜意识支配着。文明和宗教都是潜意识的投射。基督教的神为什么像父亲那样令人恐惧？这是幼少期在潜意识里对父亲的恐惧，这种恐惧被投射了。那，为什么父亲可怕呀？这是因为怕俄狄浦斯情结被查出的恐惧。如此这般，人生的一切都被潜意识"决定了"。这叫做"决定论（determinism）"。由幼少期纠结的状况以及处理方法决定人如何活下去。

弗洛伊德发起了现代文化形成的思想史上的第三次最终革命。骄傲的人们认为"我们是宇宙的中心"，哥白尼提倡地动说，阐明了人们所居住的地球不是宇宙的中心。人们的自尊受伤了。这是最初的革命。即便如此，骄傲的人们相信"我们与下等动物不同"。于是达尔文来提倡进化论，知道了人类是从猿进化而来。人们的自尊再一次受伤。这是第二次革命。即便如此，骄傲的人们仍然不肯放下自尊："我们不是有自由意志吗？"于是弗洛伊德来说明不存在自由意志，一切都由潜意识决定。斯蒂芬教授在授课时热情地演讲道：这一下人们的自尊全崩溃了，被焦虑驱使的现代文明上场了。

我沉浸在精神分析中不能自拔。甚至连否定弗洛伊德的想法自身都认为是我潜意识中的纠结。已经没有退路了。我读遍弗洛伊德的著作，连著作中出现的哲学家叔本华（Arthur Schopenhauer: 1788—1860）和与弗洛伊德同时代的尼采（Friedrich Nietzsche: 1844—1900）的哲学也读了。关于尼采，作为入门我参加了波士顿大学当时的客座教授、比利时鲁汶大学教授Jacque Taminiaux博士的精彩讲座。叔本华、尼采、弗洛伊德，这些思想家们的共同之处令人惊讶。性的欲动，即"力比多"支配人生是弗洛伊德的精神分析，但是同样的思考方式叔本华、尼采也有。在叔本华那里是"意志"，在尼采那里是"狄俄尼索斯"。觉得这些都是那个时代德国哲学的一种理念范式。我在读书的同时一直用扬声器大音量地放着音乐，是和尼采还是弗洛伊德同时代的音乐家瓦格纳的乐曲《纽伦堡的名歌手》以及瓦格纳在叔本华那里得到灵感作的乐曲《特里斯坦与伊索尔德》。这使人感觉充实，但同时什么地方每天又是阴郁的。人生被潜意识支配着，未来不能由自由意志选择。这样一想有一种沉重阴郁的氛围笼罩在我的精神中。因为新的相逢也是过去的再现，所以新的相逢没有新意，只是看到了我内在苏醒了的过去罢了。总之，我在回归过去的小舱里放着瓦格纳的乐曲，一边思考小舱外的世界是如何表象在小舱内心的现实的，一边天天埋头在弗洛伊德的著作之中。

2.3 卡尔·罗杰斯的冲击

（1）*人本主义心理学*

在"人格心理学"的课上我读到了美国心理学家的代表卡尔·罗杰斯（Carl Rogers: 1902—1987）的著作。罗杰斯是构建了"以人为中心疗法"

(Client-Centered Therapy)、后来叫做"以人为中心的研究"的心理疗法的人物,被看作"心理咨询的鼻祖"的心理学家。

对罗杰斯的心理治疗的研究属于"人本主义心理学"取向,更确切地说,罗杰斯是"人本主义治疗心理学"的代表之一。这个取向的名称在日语被译作"人本主义心理学""人类学的心理学"等。在日本"人本主义心理学"的译法已经被固定下来。不过,实际上,我认为"有人情味的心理学"的译法才正确。

我们看心理治疗的历史,行为主义的学习理论(参照本章第3节)是用动物实验得到的理论,对于有人情味的人的性质,例如"爱",没有任何说法。此外,对于弗洛伊德精神分析的人来说,最重要的自由意志被否定了。我到美国去是以自由意志选择的,但是在古典的精神分析中,这不是自由地选择的,在潜意识里有不得不选择的东西,这是由潜意识决定的。这些都是与普通人体验的生活远得离谱的理论。因为在历史上,理论的成立是以行为疗法、精神分析为顺序的,所以人本主义心理学把自己表示为"第三势力",构建了有人情味的心理学。

人本主义心理学的诞生有其历史上的背景。人本主义心理学与美国的历史有很深的关系(池见,2012)。"爱与和平"是嬉皮士们的口号。在20世纪60年代美国有征兵制度。年轻人不论个人的伦理观如何,都要被政府强制送到战场与越共战斗,反复屠杀被叫做"爱国心"。为了逃避兵役,隐匿行踪的年轻人成了嬉皮士。征兵制给美国的年轻人落下了阴影。那么纤细的心的活动和完全不知道现场情况的感觉迟钝的政府(体制)的冲突在美国是熟悉的主题,我在史蒂芬·斯皮尔伯格的电影中也看到了这样的主题。对于这样的体制的不信任感和反体制的能量在20世纪60—70年代喷发出来。甚至有"权力归还民众!(Power to the People!)"这样的口号。在1969年的伍德斯托克音乐节上,3天有40万年轻人参加,我可以认为这是民众反体制的爆发(池见,2012)。

在我进大学的那年越南战争结束了。但是我入学的天主教的波士顿大学还有示威游行。整个家族为天主教的肯尼迪家族是向波士顿大学捐款的捐助者。波士顿大学的毕业式的寒暄语是"Jesuit Ivy"。这是前总统约翰·F.肯尼迪在毕业典礼的祝词中说的话,有Jesuit(耶稣会)的常春藤联盟之意。也就是抬举说,美国有名大学的体育系联盟虽然不是"常春藤联盟",但是现在波士顿大学有超越常春藤联盟大学的趋势,而且是天主教。而且约翰·F.肯尼迪是属于常春藤联盟的、同在波士顿近郊的哈佛大学出身,所以对于我来说,这有点,怎么说呢……的感觉……

不管怎么说,肯尼迪家族拥有制造在越南战争使用化学武器的公司股票,示威游行针对这个事实,在理事爱德华·肯尼迪(原参议院议员)出席理事会这一天举行了。我们叫喊着"爱与和平"的口号,以及"违反基本的价值,拥有化学武器公司的股票是什么!",等等。不过,总觉得我们的示威游行有点像"温吞水",被当时成为助教的真正的嬉皮士们训斥了。反体制的习性虽已扎了根,但是我们仍是以憧憬的眼光看待真正嬉皮士的一代前辈们。

在越南战争以前也有人权运动。曾经有过白人和黑人不能结婚,公交车分入口,公寓拒绝黑人入住。这里也有人权运动。没有黑人、白人的差别偏见,作为人尊重人是运动的中心主题。

人权运动和越南战争把作为人的存在价值、自由、爱、人的尊严、和平、不是去适应社会和体制、而是要以自己的方式生活,这些主题扔给了美国。而在这些运动的同一时期,作为提出同一主题的心理学的运动主体,人本主义心理学像精神分析一样有一个创始者,但不是以这个人为中心发展起来的,而是一个共有基本人性观的许多心理学家松散的联合体。

(2) 自我

从罗杰斯的著作中可以闻到强烈的人性尊重的气味。我最初读罗杰斯

的书时感觉到不可思议的涟漪在身心深处摇荡。响彻瓦格纳的回归过去的小舱中的我，最开始还不能真格地接受罗杰斯写的东西。在罗杰斯的著作中多次出现"自由"和"自我实现"的词语。"有这样的东西吗？没有自由意志这种东西唉！自我实现？但是，'真正的自我'不是虚幻吗？如果有真正的自我的话，这不是被压抑的冲动和掩盖这些的防御虚构的幻想吗？"一边这样想，一边斜着身子看书。"罗杰斯，好对付"，现在还记得当时有这样的印象。与听着瓦格纳厚重的音响沉迷在书中不同，似乎是以披萨饼和百事可乐的韵律在哗哗地翻书。

没想到卡尔·罗杰斯的《成为一个人》（Becoming a Person，Rogers，1960）这本书给了我不可思议的影响。我觉察到在罗杰斯的文章中的"自我（self）"这个词有美妙亲和的感觉。我的内心开始动摇了。小舱开了一个洞，感觉到外面有新鲜空气进来。也有小舱崩溃的焦虑。为什么随着一本本罗杰斯的著作，我的小舱会一点点崩溃下去？我自己也不能接受。

SELF（自我），我凝视着这个词。回想起高中时思考的主题。"什么是真正的自己？""真正的自己在英语频道中吗？还是在日语频道中？还是两边都在？"我在心理学里寻求的不是 SELF 吗？罗杰斯的著作直接就进到我里面来了。没有弗洛伊德理论中的"稽查"什么的麻烦，直接进球了。罗杰斯扔的直接球在我的小舱上开了洞。

与以力比多性本能为核心的弗洛伊德截然不同，罗杰斯以（自我）实现倾向（actualizing tendency）为中心。他认为任何人都为真正的自我的成长而动。这就像向日葵的种子要成长、开成葵花……一切生物（organism，也译作"有机体"）都要成为本来的"自我"。因此，我做的事情不是过去的再现，所以罗杰斯说明做本来的我是生成的过程（process of becoming）。疑问涌上来，我的小舱会怎么样呢？但又好像在什么地方，我能感觉到这适合我的主张。

罗杰斯在别的文献中回想说他自我实现的想法是看到土豆的芽而想到

的（Rogers，1977）。为了度过寒冷的美国中西部的冬天，罗杰斯家里的地下室里也储藏了大量的土豆。在地下室的墙靠近天花板的地方有一扇透光的小窗。土豆的芽伸向从小窗进来的一点点阳光。白色柔弱的芽。即便如此，芽仍然朝着阳光的方向伸展过去。有一天，罗杰斯看到了土豆的芽。这与他在精神科医院的患者们的姿态重合在了一起。患者们也活在各种各样的困难中。罗杰斯回想看到伸展着的弱芽，在内在把它和患者们重合起来，构思了生命实现倾向的活动。

（3）*心理病理学*

话虽是这么说，但存在如果实在活不出真正的自己、找不到真正的自我、或者不允许按真正的自我来活的情况，这对人来说就是苦恼。罗杰斯看到苦恼的本质是成不了本来的样子、不能朝向本来的样子成长，举个例子来思考一下。

例如，对于去公司感到焦虑而陷入拒绝上班的状态。按照罗杰斯的基本看法就是如下的情况。"如果这是你本来的样子的话，你可以有不想去公司的心情"。人本主义心理学未必认为"适应社会"是治疗的目标。实际上，卡尔·罗杰斯自己也在学生运动高潮的那一年离开了大学移居加利福尼亚并设立了自己的研究所。在公司和组织工作对于个人很难说一定就好。

这样来看的话，去不了公司就不是"不适应""症状""有病"这样否定的观念了。然后开始产生这样的提问，"真正的自己"的活法是什么？"我在公司所求的是什么？""我想要如何生活？""我在什么上面寻求价值？"这个时候就是朝向自我实现进行探索的开始。

"按本来的自己去生活吧"——可以说这是罗杰斯发出的信息。回到上述不想去公司的例子，按本来的自己去生活也不是马上就辞职。因为生活不是"公司人 vs. 本来的自己"这么单纯的悖论。活在公司中的自己在某种意义上也是真正的自我。我受到了罗杰斯思考方法的巨大冲击。因为这与我喜欢的弗洛伊德精神分析的区别太大了。我们用另一个例子一边空想一边来看这两个人思考方法的区别。

假设有这样的情况。我和她搞得非常不顺。用弗洛伊德精神分析的思考方法来看，非常不顺的原因是因为我把她当作母亲来要求了，或者也许是她把我当作父亲来要求了。而且，我和她相互在潜意识中要求的方式和对方实际的状态是不一致的，所以搞得不顺了。或者这个不顺的困境也许是自己或她在无意识中再现了双亲的不睦。会是这样的看法吧。这当然不过是治疗者方面的推理——在心理临床上叫做"假设"。实际上必须在长时间的自由联想和梦的解析中，再次体验幼少期的亲子关系，解释对分析师的移情并且得到洞察。

接下来我们用罗杰斯的视角来看相同的情况。和她搞得不顺是因为一碰到她就不能活在真正的自己中了。因为不能欢畅安心地做"真正的自己"，不知什么时候，迎合她的"面具（mask）"就附体了。这个"面具"不是有意图地为了迎合她的演技，而是在不知不觉之间附体的虚假自我。所以自己一个人很难觉察自己带着面具。一戴上面具，这个面具与真正的自我之间就有了差距，所以痛苦。两个人发现面具后面的自己很重要。也许会害怕让对方看到真正的自己，但是两个人的"会心（encounter）"使双方都可以更诚实（genuine）地生活下去。当然，这也是"假设"。这必须在心理治疗师诚实的倾听下，通过本人述说，由本人来觉察。在这个过程中这个假说也可能会产生其他的理解。每个假说都可以被修正。以来访者为中心来推进理解，因此罗杰斯把这种方法叫做"来访者中心疗法"。

这两种假设在心理治疗上从如何看待人的性质到对来访者状况的理解都有很大的区别。

（4）生成〈真正自我〉的过程

对于罗杰斯来说要成为真正的自己，人信赖自己的〈感觉〉是重要的。

不要以"啊，又生气了，我是个没法控制感情、不行的人"等进行自责。首先接纳"我在生气"的事实。然后试着成为这个生气。然后从这个生气浮脱出来，知道这个生气真正的意味是什么。什么样的感情都是自己而且都是贵重的，"向体验开放（openness to experience）"是非常重要的。

　　罗杰斯如此强调〈感觉〉，但是却没有记述〈感觉是什么？如何能有感觉？〉（参照第2章）。因此，产生了害人的感情也要信赖吗的疑问，也有人把罗杰斯误解为乐观主义的。

（5）自我的构造

　　人变得不信赖感觉是因为在成长中被"有条件的眼神（关心）"关注着。"男孩子不可以哭"是和父母关系的条件。这条件是"不哭的话是好孩子，给你关心"，但是"哭的话就不给肯定的关心"。在这样的环境下，男孩忍住想哭的心情，想要感觉不到它。在这个过程中某种感觉不到感情的"自我的构造"形成了，自我的构造不仅由父母的养育态度形成，也在与友人或对自己"重要他人（significant others）"的关系中形成。在运动俱乐部培养了挑战事物的"坚强"就不可以感觉到"怯弱"的部分，这个部分就越来越成不可信赖的了。

　　本人对自己是怎样的人的认知即自我的概念（concept of self）也会形成自我的构造。例如，小学生在补习班形成了"自己是文科的"的自我的概念，而且又伴随了价值过程（valuing process）——"文科就是好""比起理科来有很多好东西""文科好玩"等价值。这样一来，这个孩子就积极地关注文科科目，往往认为理科科目"怎么都行"。于是即便算术考试得了100分也会认为"那是偶然的""碰巧题目出到复习过的地方了"，体验被歪曲（distortion）了。也许说不定他其实数理能力很高，但是这种能力得不到信赖，结果不能朝这个方向发展。自我的概念成了过滤器，通过这个过滤器在体验我们的情境。

（6）治疗关系

正如通过与"有意义的他人"的关系形成自我构造的理论，罗杰斯认为形成人性格的是人际关系。所以，人如果要变化，需要改变使人变化的人际关系。所以，用罗杰斯的说法，心理治疗是"关系的状态"。当然，我们总是和人有着什么关系，"受到人的影响"。心理治疗也是这种有影响力的关系，但又是特殊的关系。因为通过这种关系，人会向真正的这个人自身变化。和麻利地干工作的人在一起工作，"受到影响"我也会麻利地干工作。但是，以这种变化的方式，我真的能感觉到在向真正的我的方向变化吗？真正我本来的活法、工作方法是什么？也许也没有考虑这些的余地。但是心理治疗的关系真的是可以探索和培养我本来的活法的。

这种关系有其特征。罗杰斯在其有名的论文（Rogers，1957）中进行了解说。在这种关系中心理治疗师（和心理咨询师）以以下三个态度和来访者交往。①自我一致，or 诚实*；②无条件肯定的眼神**，or 认可；③共感性的理解。罗杰斯频繁地在自作的术语之后用"or"来连接，转换为平易的表达。像"Congruence（自我一致）or 诚实"这样。我认为罗杰斯的"or"不应译为"或者"而应译为"或更确切地说"（池见，2015）。这三个态度后来被反复地研究，被阐明与心理治疗成功有关系。这些在今天已经被认为是"心理治疗的核心条件（core conditions）"，哪个流派都很重视。我们来看一下这核心的3条件。

---

*采用了福岛伸康（2015）的译语。福岛伸康（2015）。围绕 Genuineness 与纯粹性的一个研究：Genuine 是治疗师的品格吗？心理学家：关系大学临床心理专业大学院纪要，5，119–128.

**采用了中田行重（2013）的译语。中田行重（2013）。朝向 Rogers 的核心条件的治疗师内在的努力：以共感性理解为中心 心理临床学研究，30（6），865–876.

①"自我一致",更确切地说是"诚实"(congruence or genuineness)

自我一致的术语是罗杰斯从数学集的维恩图联想出来的。体验的圆和自我概念的圆重合的面积是一致的范围。我在体验着想哭却有"我是男的所以不哭"的概念的场合,这两个圆没有完全重合在一起,所以可以说陷入了"不一致"的状态。这种情况在没有觉察自身许多心情的状态下存在。或者这些以歪曲(distortion)的形式出现在意识中。例如想哭的心情作为喉咙的异物感被体验,作为耳鼻喉科的症状被体验就是这种歪曲。

不过,如果自我概念是"我有坚强的一面,也有柔弱的一面,有时候也会想哭"这样柔软的东西,两个圆就会有很大的重合。这种重合越大,我们就越能够在意识上坦率地认可体验到的东西。在面询中,心理治疗师一旦"表现得像个心理治疗师的样子"就会陷于不一致。在每一个瞬间作为一个人保持诚实,这是第一个条件。如果来访者诚实地要面对自己的心情,心理治疗师却带着"治疗者"的面具,这反而是在拖后腿。能够诚实地说"我听了你的话,我也开始伤心起来了",正是有这样的治疗师,来访者自身也就能够面对自身的伤心,可以感觉到人之间的连接了。

②无条件肯定的眼神,更确切地说是认可(unconditional positive regard or acceptance)

acceptance被译为"接纳"。我不喜欢这个译语,觉得味道不一样。摇摇晃晃走路的孩子跌倒几次又爬起来,父母以"无条件"而且"肯定"的"眼神"在看着摇摇晃晃走路的孩子。这样的态度是"无条件肯定的眼神"。这也是"认可"孩子摇摇晃晃在学着走路。但是一成了"接纳摇摇晃晃走路"不觉得味道有点不对吗?

像上述(5)所说的,如果我们周围的人际关系是"条件性"的,那某种心情就不能信赖了。所以无论什么心情,为了能把它作为自己的东西认可,就需要有无条件认可的伙伴。而心理治疗师正是这个伙伴。

"理解你虽然不想去公司,还是相当努力地要去,也理解怎么也去不了的复杂感觉",正是因为什么都被无条件地肯定,来访者才能够安心把所有的心情都作为自己的东西来认可。心理治疗师如果说"努力一下上班去吧",就不是无条件的了。来访者就会放弃探索上不了班的复杂心情,认为这是不好的情绪。而且,"上班去吧"这句话听上去像是心理治疗师"装B"角色的发言,不像是一个诚实的人说的话。因此,人之间的连接也不可能建立起来。上文中(5)的罗杰斯的人格形成论与(6)的人格变化理论和"有条件的眼神"与"无条件肯定的眼神"是对应的(Ikemi,2005)。

③共感性理解

共感的意思是"站在对方的立场看事物"。在英语中被表述为"穿他人的鞋试一下"。也就是通过来访者的眼睛来看世界。"上不了班的人社会上有○万人呢。这些人陷入三种状态中的其中一种。你是哪一种呢?"像这样的问答不过是分类。不能期待这会有什么治疗效果。还不如通过这个来访者的眼睛,回顾一下公司和生活过程的复杂性来得必要。

④核心条件和面询技法

有一种解释说社会上说的这些核心三条件指的是实际面询的技法。好像存在着"共感式的倾听"或"接纳式的倾听"的倾听技法。我认为这不对。为什么这么说呢?因为罗杰斯在同一篇论文中明确说了这些条件不是自己创立的来访者中心疗法的条件。根据罗杰斯的假设,核心条件在任何心理治疗中、在发生治疗性的人格变化时都存在。而且即便不是心理治疗面询,在亲子关系、友人关系中也可以看到。友人关系和亲子关系的会话中没有特别的面询技法。所以,罗杰斯明显没有认为核心条件=面询技法。

罗杰斯使用了被叫做"倾听(listening)"的特别的倾听方法(参照第5章)。而且这些核心条件是这种倾听方法的"特征"。"马力强劲""省油""内饰漂亮"是表达车子的"特征",但是仅此并不特定是哪一种车。罗杰斯不太想解说倾听的实际技法。他在晚年回忆,这是因为他一直很在意他的倾听"被人贬低为'鹦鹉学舌的技法'"(Rogers,1987)。所以他说,倾听的技法在社会上普及,他竟然"悲哀起来"。但是直到今天,在解说罗杰斯的倾听的日语资料和书籍中还有把倾听说成是"鹦鹉学舌的技法"的。在与罗杰斯的思绪共感的同时,一触及这样的表达,我的心情也变得复杂起来。

2.4 结尾

波士顿这个城市适合读书。在波士顿的美国最古老的公园里有许多长椅。我所住的联邦大街的中央隔离带上行驶着有轨电车。在电车线路的两侧,像公园般的宽广的空间像飘带般地沿着线路爬上缓坡,伸向大学校园所在的栗山。这是被草坪覆盖、绿树成荫的空间。而且这里也有长椅。公园的长椅叫做"公园长椅"。坐在公园长椅上,我拿出书来开始阅读。不时有电车经过。不时有松鼠来窥探。舒爽的风在吹。我翻着书页,不时陷入遐想。是从海港城市神户出发的旅程的一幕,在问坐在海港城市波士顿的公园长椅上的自己:"真正的自己是在英语频道中吗?是在日语频道中吗?两边都在吗?两边都不在吗?是幻象吗?"我一只手拿着书,还在继续思考。而且直到今天还在继续思考。

3. 行为疗法的三个时代

本章最后要介绍心理治疗"三大流派"之一的被称为行为主义(behaviorism)或行为疗法(behavior therapy)的学派。虽然是在最后介绍,但其实在三大流派中行为疗法是历史最久的,所以也被称作"第一势力"。和精神分析不同,行为疗法也和人本主义心理学一样不是由一个杰出的创始者开创的，而是由许多研究者和实践者形成的心理治疗体系。因此很难定义什么是行为疗法，对其发展原委的认识也因研究者而异。本节在解说行为疗法大致的发展历史的同时，还要介绍行为疗法是如何理解人、如何理解心理治疗的。

行为疗法认为，人的行为是学习的结果。也就是说，不适应的行为和问题行为也是以某种方式学习得来的。因此学习新的行为方式、或者消除学来的不适应的行为方式是行为疗法的基本思路。

行为疗法是基于学习理论的学派。这个学习理论的源流可以追溯到苏联的生理学家巴甫洛夫（Ivan P. Pavlov: 1849—1936）的实验。巴甫洛夫比弗洛伊德年长7岁，所以也可以认为行为疗法的研究先行于精神分析。关于巴甫洛夫的研究在本节中会有介绍。

行为疗法的发展大致可以分为三个时代。第一个时代的行为疗法从20世纪50年代开始发展，是以学习理论（行为理论）为基础的研究。根据反应条件（respondent conditioning）、操作条件（operant conditioning）的理论试图使行为变化。到了20世纪六七十年代进入了第二个时代，即根据信息处理理论来使行为改观。因为认知参与在行为的变化中，所以使认知变化后行为（结果）也会变化。例如阿尔伯特·埃利斯（Albert Ellis: 1913—2007）以 ABC 来理解发生的事情。即发生的事情有其起因（activating event，A），对起因有本人的解释/信念（belief，B），伴随这些，结果（consequence，C）也会变化。因为是通过改变认知（解释）使得结果变化，所以作为对认知工作的方法来提倡逻辑疗法［现在是理性情绪行为疗法（rational emotive behavior therapy，REBT）］。其他还有阿伦·贝克（Aaron Beck: 1921— ）的认知疗法（cognitive therapy）。在计算机发展一日千里的时代，行为疗法的信息处理模型也迅速展开了，所以认知疗法和逻辑疗法的出现也被称为行为疗法的"认知革命"。从20世纪90年代起，行为疗法和认知疗法各自增加了相近的研究，出现了归纳这些的认知行为疗法（cognitive behavioral therapy，CBT）。其中也分为行为疗法色彩强的派别、认知疗法色彩强的派别和折衷派。

第三个时代，导入了正念（mindfulness）和接纳（acceptance）的新概念，发展成为正念认知疗法（mindfulness-based cognitive therapy，MBCT）和接纳与承诺疗法（acceptance & commitment therapy，ACT）。其特征不在于认知的内容而是尝试改变与认知的互动方式。有的研究者把从认知行为疗法开始的发展叫做第三个时代的行为疗法，但是本节把从正念和接纳导入以后作为第三个时代来介绍。

3.1 第一个时代：行为疗法/行为主义心理学

成为行为疗法中心的行为理论和学习理论自19世纪90年代开始尤其引人关注。1913年美国心理学家约翰·华生（John Watson：1878—1958）以"行为主义者眼中的心理学"为题进行了演讲，从那时起行为主义（behaviorism）开始了（《心理临床大事典》，2004）。

1879年在德国莱比锡大学成立了世界上第一个心理学实验室的近代心理学创始人冯特（Wilhelm Wundt：1832—1920）开发了内观法的方法。冯特认为可以把意识分解为新的要素，进行了被称为内观法的以内省报告为主要方法的实验。但是华生批判了冯特的内观法。他主张应该以"客观上可以观察的行为"为对象而不是以主观上的东西为对象。认为人的所有行为都能够用刺激（stimulus，S）和反应（response，R）的图式来理解和操作。用S-R理论能够说明的例子中有名的有苏联的生理学者巴甫洛夫的研究。众所周知的"巴甫洛夫的狗"的实验。实验开始，在给肉粉的同时反复提示节拍器的声音，然后发现即使不给肉粉只提示节拍器的声音也有生理反应（唾液）。本来与生理反应（唾液）没有关系的节拍器（中性刺激）通过与肉粉（非条件刺激）成对提示，结果与生理反应形成了连接，成了产生唾液的刺激（条件刺激）。这样的现象叫做经典条件（classical conditioning）或反应条件（respondent conditioning）。生理学家巴甫洛夫展示了像唾液分泌那样的、通常自主神经作用的生理机能也可以发生学习效应。这是他的伟大功绩。

反应条件与临床也有很深的关联。例如在20世纪20年代进行的华生和雷纳（Watson & Rayner, 1920）的研究介绍了关于恐惧反应的条件。"阿尔伯特男孩"的实验广为所知。出生11个月的阿尔伯特男孩一想要接触白老鼠玩具，身后就发出很大的声音。这样反复进行后，阿尔伯特男孩变得害怕白老鼠玩具，进而对外观相似的白兔子也开始害怕了。也就是说，白色的东西作为带来恐惧的条件刺激被学习了。

但是，只靠S-R理论很难理解所有的行为，因此爱德华·托尔曼（Edward C. Tolman：1886—1959）提倡所谓"刺激（stimulus）-有机体（organism）-反应理论（response）"（S-O-R理论）。不仅是单纯的刺激—反应，而且由有机体如何理解刺激，其反应也会有不同。相对于华生的行为主义，托尔曼的立场被称作新行为主义。此外，伯尔赫斯·斯金纳（Burrhus Frederic Skinner: 1904—1990）提出了"操作性条件（operant conditioning）"的新方向。操作性（operant）一词带有自发的意味，操作性条件是"为了操作性地刺激影响生物体自发反应（或行为）的发生率，而在生物体反应生起后即刻伴随的程序"（《心理学词典》，1999）。例如，在孩子自发地帮了忙后父母立刻给予赞赏，从而使帮忙的行为频度增加。也就是说，操作条件理论的着眼点，在于如何增加（强化）自发的行为或自发的行为有没有增加（强化）。

把这样的行为理论和学习理论应用到临床上就是行为疗法。约瑟夫·沃尔普（Joseph Wolpe：1915—1997）开发了把唤起恐惧的刺激和与之对抗的放松状态结合起来，开发了尝试减轻恐惧反应的被称作"系统脱敏（systematic desensitization）"的方法。此外，在同时，根据操作性条件的应用行为分析（Applied Behavior Analysis：ABA）也发展起来。代表性的技法有代币疗法（token economy）。所谓代币是代用的货币，用这种代币来增加行为的发生频度就是代币疗法。如做了家庭作业就盖个印章，去买了东西就加分，买了CD（光盘）就握手等，即便在日常生活中也可以用这种理论来说明的现象，通过这种方法可以推测做家庭作业、去店里买东西、买CD的行为频度会增高。

3.2 第二个时代：认知疗法/认知行为疗法

第一个时代的行为疗法，行为就是一切。但是光用S-R理论难以说明的现象在增加，随着各种各样关于情绪以及行为中有认知参与的研究，行为疗法开始向第二个时代过渡。

在20世纪60年代后半，阿尔伯特·班杜拉（Albert Bandura）指出行为中有认知的参与而提倡社会学习理论（social learning theory）。社会学习理论指出观察他人也是学习，认知可以成为行为的媒介变数。示范（观察学习）也可以在心理治疗中应用，可以通过观察不适切的言行对自己造成困难的场面，以及适切的言行示范，即观察对于自己困难的场面他人是如何应对的，来学习适切的行为。

此外，艾利斯在20世纪50年代后半已经提倡的理性疗法，在第二个时代也作为行为疗法得到了发展。当初叫做理性疗法（rational therapy，RT），到了20世纪60年代名称变更为理性情绪疗法（rational emotive therapy，RET），现在叫做理性情绪行为疗法（rational emotive behavior therapy，REBT）。

艾利斯认为情绪和行为不是由发生的事情本身唤起的，而是随这个人如何解释发生的事情、是随这个解释（认知）而变化的。它假设了ABC模型，即对于发生的事情（activating event，A）有这个人的解释/信念（belief，B），由此而产生行为/结果（consequence，C）。而且他认为，信念（B）中有不合理的信念（irrational belief），由这个不合理的信念产生了不适切的行为和否定的情绪，使得来访者苦恼。例如在打工时被师兄提醒，于是感到自己的做法被人看不起，对师兄烦躁不耐结果导致出错，然后又被师兄提醒，形成了恶性循环。来看这个例子，对于被提醒（A），做了被人看不起（B）的解释，结果烦躁不耐导致出错（C），形成了这样的过程。在理性疗法中，对于发生的事情为了以理性的信念（rational belief）理解并驳斥和纠正不合理的信念，就要改变被人看不起的认知。例如考虑对师兄说"那你教我别的做法"，或者觉察自己在听到不同意见时就会有被看不起的感觉等。由改变认知来改变烦躁不耐导致出错的结果。

除了艾利斯的理性疗法，担当第二个时代发展的人物还有阿伦·贝克（Aaron Beck：1921— ）。原本接受精神分析训练的阿伦·贝克在关于精神分析的实验研究中得出了与弗洛伊德理论不同的结果，因此发展了独自的理论，在20世纪70年代提倡认知疗法（Weishaar，1993／日译，2009）。认知疗法是从对患抑郁症的来访者的治疗以及贝克本人的自我观察得到的启示。患抑郁症的来访者的思考特征是偏负性的，所以贝克想到了对这种思考（认知）进行工作。认知疗法提出了自动思维（automatic thought）和图式（schema）的概念。自动思维是在某个场景中念头和意象自动地浮现出来，图式是产生自动思维的这个人具有的独特的知识体系和信念。例如患抑郁症的父亲看到穿西装的男性就想到"别提做出成绩来了，连班都上不了，自己不行啊"，看到孩子去玩就想到"连陪孩子一起去玩都做不到的没用的父亲"等在某个场面自动浮现出来的东西。在其背景中预设着"社会人应该是这样子的""父亲应该是这样子的"等"必须……不应该……"的图式。其他还有非黑即白思考（非此即彼思考）、以偏概全、罪责归己等图式。在认知疗法中要觉察这样的自动思考，修正歪曲的认知（图式）。

从20世纪90年代起，并用行为疗法和认知疗法的实践者开始多了起来，于是这些疗法被总称为认知行为疗法（cognitive behavior therapy，CBT）。认知行为疗法的定义因研究者而不同，因此认知行为疗法也可分为各种各样的流派：行为疗法用得多的行为疗法色彩浓的流派、认知疗法用得多的认知疗法色彩浓的流派、根据来访者和治疗调整两者比例的折衷流派等。与之前的行为疗法同样，都是从环境与对环境的个人反应的相互作用上来理解，这一点上没有变化，但是要注意的是，在认知行为疗法的"反应"中包含了认知（语言）、身体（生理）、行为（动作）等。此外，作为认知行为疗法的实际做法，有称作个案概念化（Case Formulation，Bruch & Bond，1999 / 日译，2006）的研究，本节就不做介绍了。

3.3 第三个时代：正念认知疗法 / 接纳与承诺疗法 / 辩证行为疗法

在认知行为疗法的时代，已经在处理"客观上可观测的行为"以外的例如意识（认知）和身体反应等，行为疗法已经和初期的东西有了很大的变化。从20世纪90年代到21世纪，更大的浪潮涌来，出现了第三个时代的新的行为疗法。第三个时代以实证研究为基础，强调以前的行为疗法不怎么强调的"背景"和"机能"，使用了冥想法等体验性的方法。第三个时代的代表性研究是以边缘性人格障碍的来访者为焦点的辩证行为疗法（dialectical behavior therapy: DBT）、为防止抑郁症复发而开发的正念认知疗法（mindfulness-based cognitive therapy: MBCT）、以及源于斯金纳的应用行为分析的接纳和承诺疗法（acceptance & commitment therapy: ACT）。这些疗法的共同之处是被称作正念（mindfulness）的实践。正念认知疗法是根据正念训练开发的，接纳和承诺疗法以及辩证行为疗法中也内设了正念训练。正念原本是佛教用语，古代印度的巴利语叫做"sati"，在汉译经典中被译为"念"，意思是"有意图地、不评判地对这个瞬间"（Kabat-Zinn，1990；1994 / 日译，2012）的注意。行为疗法是如何导入正念的呢？本节要介绍根据正念训练开发的正念认知疗法，来看一下原委。

正念认知疗法（Segal，2002 / 日译，2007）是为预防抑郁症复发开发的方法。开发者蒂斯代尔（J. D. Teasdale）等在预防抑郁症复发的研讨中摸索了教育来访者与负性思维保持距离的方法。约翰·卡巴金（Jon Kabat-Zinn）开发的正念减压法（mindfulness-based stress reduction：MBSR）（Kabat-Zinn，1990）就着眼于这样的效果。正念减压法是一个包含实践呼吸法、静坐冥想法、关注身体的身体扫描、瑜伽冥想法、步行冥想法的8周课程。卡巴金（1990）通过这个8周的课程，发现了内科疾患的症状改善、术后的状态改善、伤病预后的改善等不限于精神状态方面的治疗效果。蒂斯代尔等着眼于这种正念冥想的效果，通过保持一定的距离来审视对问题的认知，而不是去改变负性认知的内容，也就是说，通过正念地审视自己，觉得负性思维方式和情绪受烦恼的程度都变小了。在这样的实证研究的基础上开发了正念认知疗法。这个思路与第5章介绍的"整理空间"有许多的共同之处。正念认知疗法和卡巴金的正念减压法一样，都是8周的训练课程，都以学习预防抑郁症的技法为目的。

参加者觉察自己瞬间不经意识的状态即自动操纵状态，自觉这种自动操纵状态是如何影响自己的。并且，通过与当下的瞬间的连接，从思考和情绪中解脱出来并保持距离，以此来预防抑郁症的复发。

对于接纳和承诺疗法，本节没有详细描述。不过接纳和承诺疗法也采用了与本书介绍的聚焦及其他如格式塔疗法相似的技法，也显示了它们之间的关联（例如，武藤，2011）。虽然行为疗法和人本主义心理学的心理疗法经由了不同的发展途径，但是在今天可以看到它们正在接近。

第 2 章 感觉是如何存在的

1. 心理治疗与"感觉"

上一章我们看到，古典的心理治疗理论把人感觉到的东西作为治疗对象。因此，可以认为心理治疗上的"情绪障碍"不是身体的障碍，心理治疗是以情绪的障碍为对象的治疗。例如来访者感觉到"不安"，以此为主诉来访问心理治疗师。精神分析会认为重要的是来访者洞察这个不安背后潜意识的动机；而来访者中心疗法会认为这个不安是由自我构造的样态不能活出自己而引起的；认知行为疗法则会认为不合理的信念和认知导致了不安的产生。像这样，都是以不安这种人的"感觉"作为心理治疗的对象，但理解它的理论却是各种各样。

关心心理临床学的人多少都会对"感觉"有兴趣。不少的人想知道自己感觉到了什么，想理解别人感觉到的东西，所以对心理咨询和心理临床开始抱有兴趣了。可以说，对于心理临床来说"感觉"是中心课题。

但是，在心理治疗的历史上，从正面如"感觉是如何存在的"那样去探究"感觉"的性质的人却意外地很少，而且连表达它的语言也缺乏严密的定义。它被表达为"感受（feeling）""情绪（emotion）""心境（moods）"等。本书首先要阐明"感觉"的性质，然后要解说与这种性质适切的心理治疗的实践和理论。

2. 体会和感受

2.1 体会

"感受""情绪""心情"等用语没有经过整理就被使用了。美国哲学家尤金·简德林（Eugene Gendlin: 1926—2017）使用"体会（felt sense）"或者"意会（felt meaning）"的术语，阐明了人们称为"感觉"的体验方法（Gendlin 1962 / 1997）。体会不是清晰的感受，而是"似乎、好像"感觉到的东西，在那里面包含着意味。

说"喜欢这个电影"的人，问他"怎么个喜欢呀"，这个人恐怕不能用清晰的语言来回答，大概会是"似乎、好像"的回答吧。这里被感觉到的不是"愤怒"和"紧张"的清楚的感受，而是"似乎、好像"的感觉。即便如此，"似乎、好像"中确实包含着意味。没有意味，人不会说"喜欢这个电影"等的话。"怎么个喜欢呀"的意味是"似乎、好像"地感觉到的，还没形成明确的语言。所以，可以说"似乎、好像"暗含着（implies）意味。

"因为有惊险剧情所以喜欢这个电影"，包含着的意味通过适切表达它的语言明朗起来。明朗起来的意味的侧面叫做"明在（explicit）"的侧面。在这个时候，从"似乎、好像"变成了明在的"惊险剧情"的侧面。如果再进一步问"什么样的惊险剧情"会怎么样？也就是说，恐怖片有惊险剧情，动作片有惊险剧情。在某种意义上，恋爱片中也有惊险剧情。在这些不同的语境中"惊险剧情"的语言指向不同的〈感觉〉。也就是说，这个场合的"惊险剧情"的语言也包含着意味。被包含的意味的侧面表现为"暗在的（implicit）"的侧面。在这个例子的场合，在"似乎、好像很喜欢"的明在的表达中包含着"惊险剧情"的暗在的侧面，这个"惊险剧情"的暗在侧面可以进一步表达（explicate）下去。也可以说，人感觉到的东西可以明在化，"感觉"总是不断从语言生起又灭去。

人在感觉体会的时候，虽然是有暗含的意味，但这是什么呢？却不能马上明在地用语言表达。说"这个店，氛围很好呢"的场合，"氛围"这个词语包含着什么样的意味呢？"沉静""有活力""内饰漂亮"等，"氛围很好"对于说者来说，暗含着一些暗在的意味。同样，在说"这个曲子很好呢"的时候，"很好呢"中暗含着一些意味。说者通过"很好呢"的语言来表达他感觉到的体会或者意会。根据池见的说法（2013），体会是表达"似乎、好像感受到的感觉"的用语，意会是表达"似乎、好像在传递的意味"的用语。

2.2 感受

另一方面，在说"我正在生气"的场合，只是在说"在生气"的明在侧面。即使问"在怎样地生气呀？""反正在生气！"回答的说者不会去触及暗在的意味。本书把仅仅是明在的侧面突出的"感觉"叫做"感受"。感受的特征是单一焦点性的（Gendlin，1973a，1973b）。也就是说，在这个例子的场合，只感觉到"生气"一个焦点。这里的感受与包含许多暗在侧面的体会明显不同。

感受往往有强度。或者也可以表达为"距离很近"。"生气"的感受是强力的。在强度这点上与"似乎、好像"感觉到的体会也不同。所谓的"距离很近"，也许用下面的例子表达比较容易明白：花子姑娘对太郎"生气"的场合，可以说花子姑娘对太郎感觉"很近"，不能离开一点距离对太郎的事情冷静下来。如果能够稍微"保持距离"来看太郎的话，就不会有"生气"那么强的感觉了。而且，随着"在生气"的感受生起又灭去，也许可以感觉到围绕在周围的体会。

因为感受有其强度，所以容易引起自主神经系统的身体反应。一感觉到生气，心脏剧烈跳动、肌肉紧绷，全身的自主神经系统会受到影响。因此，如果强烈的感受持续存在，也会引起心身症等身体疾患和身体的不适。所以在心理治疗上特别关注感受。

但是，在心理治疗中体会实际上比感受还要重要。这是因为通过明在地表达在体会中暗含的意味，体会会产生变化。换句话说，无论说多少"在生气"的感受，"在生气"里不产生变化。但是像"怎么个生气呢"这样的，一旦触及到"在生气"暗含的意味，体会自身就变化了。"怎么个生气？是唉，与其说是生气……还不如说是受到了伤害，嗯，和那个人说着话，结果受到了伤害……"。在这个例子的场合，说者在"……"表达的沉默期间触及到了"在生气"中暗含的感觉，并用新的语言"受到伤害"表达了在那里的体会。这里"在生气"的感受变化了，变成了"受到了伤害"。关于把体会转化为语言的过程，在第3章有更详细的解说。

任何的感受，在其背景中都有体会。例如"不安"的感受，像"关于考试的不安""夜里做噩梦的不安""怕被猫抓的不安"那样，各种语境上实际的不安的感觉方式肯定是不同的。也就是说，"不安"的语言虽然相同，但是其意味的感觉却是各种各样，体验上有各自不同的体会。本书所解说的心理临床学的更新换代，不是去触及感受自身，而是去触及围绕感受的"感觉"，即体会。具体的方法在第5章以后解说。

在往后的章节可以看到，体会对于心理临床很重要，但是以前的心理治疗却倾向于关注"感受"方面，而且，基础心理学的研究方面也频繁地忽略体会。如果以五百人为对象进行调查，设置一个提问"你有过不安的感觉吗？"来测定"不安"的明在的感受。当然，五百个人各自有不同的不安的体会，而且因五百个人各自的状况感觉到的不安会不同。如果这样去问体会回答会五花八门，调查不能成立。所以，以前心理学的调查研究都是关注比较容易把握的感受，体会不怎么被理会。第6章第8节有最近关于体会的调查问卷量表，在生活中感触〈感觉〉在健康上的好处也逐渐明确起来。

3. 感觉是如何存在的？

3.1 "内容和过程"

经常看到"生气是什么？""不安是什么？""自卑感是什么？"等对于特定的感受到的内容的研究。但是本书在这里研究的不是特定的内容，而是到底所谓的感觉是如何存在的？而且下面我们会看到，所谓"感觉"并不限于一个内容，在接触感觉的过程中内容会变化下去。所以这个研究是要解明"感觉"的过程。就如"虽然认为是感觉到了不安，但是这不是不安，而是缺乏自信"这样，在"感觉"的过程中，"不安"的内容移动到了"缺乏自信"的内容。所以感觉的过程比特定的内容更重要。

这可以用电视台的"电波信号是如何存在的呢？"的问题来比喻。电视台把各种各样节目的内容放在电波信号上播送着。节目中有新闻、专访、电视剧和比赛实况等内容。但是即使分析特定的节目（内容）也不会明白这个内容是如何从电视台送到家里的电视机里来的。要想理解电视台播送的构造就必须要研究究竟"电波信号有什么样的性质？"而不是去分析个别的节目，并且要解明信号播送的过程。

下面，围绕"感觉"的过程是如何存在的，本章要解说有关的几个侧面。这是关于体会的几个侧面的记述，由此来明确所谓的"感觉"是什么。而且因为本章解说的体会特征是基础，所以对于理解本章以后的内容是不可缺少的。

3.2 感觉是被身体感受到的

"现在，在感觉什么呀？"在想要回答这个问题的时候，读者会做些什么事情呢？"现在，在感觉什么呀？"这个回答用头脑想是怎么也想不出来的。

"在感觉地铁能不能快点到站。"

也许会是这样的回答。但是这不是"在感觉"的表达。这是"在思考"或者"在想"。回答说"在思考（想）地铁能不能快点到目的地站"还比较正确一些。那么，对于"现在，在感觉什么呀？"的提问，怎么回答才好呢？

一旦要接触在感觉着的东西，就必须把注意转向〈身体〉。尤其是喉咙、胸部、腹部等被叫做"身体正中"的地方。约会要迟到了，所以在想"地铁能不能快点到站？"的时候一旦关注〈身体〉，或许会感觉到"焦急的感觉""烦躁不安的感觉""心神不宁的感觉"或者在下腹部一带好像有压迫感。一旦开始关注〈身体〉，对于"现在，在感觉什么呀？"的提问可能会有以下的回答。

"有焦急难耐的感觉"

"有烦躁不安的感觉"

"有心神不宁的感觉"

"腹部感觉到压迫感"

像这样，"感觉"的过程是被〈身体〉感觉到的。反过来说，如果在身体上什么也感觉不到，这就不能说是"在感觉"。如果嘴巴在说"不安，不安"，身体上什么也感觉不到，反而有舒爽的感觉，这不能说是"在感觉不安"。

体会的一个特征是，体会是被〈身体〉感受到的东西。本书（的日语原书）中用平假名〈からだ〉来表达〈身体〉是因为"身体"的汉字表达会让人想象医学的/生理学的/解剖学的身体。约会要迟到了，"腹部感觉到压迫感"的时候，无论怎么进行腹部的 X 光检查也发现不了任何压迫物体的存在。"那个人的话刺进我的胸口"等的体会表达也是一样，不可能有物理性的什么刺进胸部。体会是被〈身体〉感觉到的，但是并不是局部的/解剖学的/生理学的现象，所以本书（的日语原书）中统一用平假名并用〈〉来表达〈身体〉*。

3.3 "思考"和"感觉"

用头脑思考和用身体感觉一般被认为是对立的。其实，在"思考"中〈身体〉也在起着作用。一边看冰箱里的东西，一边"在想今天晚上做什么吃呢"是什么样的过程？假设已经明白了冰箱里的食材可以做咖喱饭。这个时候照会一下〈身体的感觉〉，问"想吃咖喱饭吗？"假如想象一下咖喱饭，如果胃里好像有沉重〈身体的感觉〉，就会探索其他的可能性，"有没有别的可以做的什么呢？"所以我们明白，在这个场合的"在想今天晚上做什么吃呢？"的思考作用中〈身体的感觉〉在发挥作用。

这在高度抽象的"思考"中也是如此。在解数学问题的时候，〈似乎、好像感觉到〉走不通了，"这样解不了唉"。为了求解这个问题需要开始探索有没有别的方法。于是，"啊，是呀！"当想到某个解决的方法的时候〈身体〉有通爽的感觉，相反如果觉得思考方法有点不对头的时候，〈身体〉也会有乱糟糟不爽的感觉。

"感觉"与"思考"或"逻辑"经常地被描绘成"野性对理性"。但是优质的思考是"感觉"与"思考"的融合。所谓的"深思熟虑"不单是思考，而是和〈身体的感觉〉相对照来进行思考。"按道理是这样，但是总觉得什么地方不对劲"的场合，我们不是把"不对劲"和"道理"对立起来而是要去"深思熟虑"，即按思考过程所要求的去探求不对劲的〈身体的感觉〉所包含的意味并验证其逻辑。

---

*中译仍译为〈身体〉，为了表示与医学、生理学、解剖学上的身体区别，加上了〈〉。——译者注

3.4 感觉是"前概念性"的

上面我们说到了"感觉"和"感受"的区别。感受是"单一焦点性"的。换句话说，感受可以说是"概念性的（conceptual）"。"不安"和"生气"等感受可以清楚地用语言和概念表达。而另一方面，作为体会的"感觉"却不能用语言说出来，它是前概念性（pre-conceptual）的。因为〈感觉〉是前概念性的，所以还没有形成为"意味"。一听这个音乐便"开始伤心起来"的时候，有"伤心"的感觉，可以从中发现"伤心"的意味和概念。但是说到"不知道为什么总喜欢"这个乐曲的时候，在"不知道为什么总喜欢"中就包含了体会复杂的、未成形的含义。在这种场合，"不知道为什么总喜欢"中并不是没有意味，一旦用"不知道为什么"来表达就开始会有很多意味呈现出来。因为这是概念成形以前的状态，所以被表达为"前概念性"。

在心理治疗中，通过这种"不知道为什么"的表达可以生起比"伤心"的概念更加丰富的体验，由此可以产生新的理解。如果不是这样的话，永远是"伤心"的感受反复，不能创造新的意味。

人在概念性地决定"我伤心"的时候，就会通过"伤心"这个概念的过滤器来体验世界。这样，不论看什么，伤心的感受都会生起。这在专业用语上被叫做"冻结的整体（frozen wholes）"（Gendlin，1964）。但是，真正活的现实是一瞬一瞬变化、新鲜的。即便是头脑里想的全是伤心，看着电视也许会有微笑的瞬间，吃着甜点也会有明朗心情的瞬间。为要觉察这些，必须关注每一瞬间"感觉到了什么"。这样，在"伤心"之外会感觉到自己还有丰富的体验。在这个意义上，感触概念形成以前每一瞬的"感觉"在心理治疗方面也是重要的。

3.5 感觉是"前语言性"的

和"前概念性"相似，"前语言性（pre-verbal）也是"感觉"的性质之

一。当被问到"你现在感觉到什么？"一下子答不上来是可以理解的。一去感受〈身体〉，胸口好像有什么堵在那里不通畅，即使有这样的感觉也不太明白这是什么。虽然感觉到了"什么"，但是只会说这是"好像"、"这个"或者"那个"（参照第3章第1节）。来看一下下面的会话。

    A："今天，心情怎么样？"
    B："唉唉，还算可以，不错。"
    A："还算可以，不错是么？"
    B："唉唉，还算可以，怎么说好呢……是什么呢……"

在这个例子中，最初 B 以语言/概念说了"还算可以，不错"。但是被 A 问到"还算可以"是什么意味时，"还算可以，不错"的概念被推翻，开始去探寻真正感觉到的东西了。也可以说，人在许多场合其实并不明白自己感觉到了什么。虽然感觉到了"什么"，但这是什么，因为没有形成语言所以不明白。这是"感觉"的前语言/前概念性，因此，一说到"是什么呢"，心的自然的行为就是去探寻真正的自己在感受着什么。勉强回答说"还算可以，不错"，看上去很清楚，也或许在社会性上是受欢迎的，但其实并没有接触实际的"感觉"而只是用语言在说话。人吞吞吐吐不能清楚地说出感觉到的东西不是因为在忍住什么不说，也不是在防御什么，而是因为人的"感觉"体验原本就具有"前语言性"。

3.6 感觉到的是情境

  人经常认为感觉到的是这个人的"心"或者是"表达心的""性格"。但是实际观察一下人"感觉"的作用，就明白它总是倾向（intend）于情境和关系。这里所说的"倾向性（intentionality）"是现象学创始人德国哲学家胡塞尔（Edmund Husserl：1859—1938）的用语，这个用语表示意识总是关于什么的意识。也就是说，不可能有没有对象的意识。笔者的意识现在在看着庭院、听着雨声，意识总是这样和"生活世界"连在一起。

人对于某个情境感觉到"伤心"，对某个关系感觉到"兴奋"，这些"伤心"和"兴奋"不是人的"内在"或"性格"的呈现，这些是情境。本书的立场，不认为人的感觉是内在世界的表示（representation）。人不是介于内在世界和外在世界之间，而是直接地活在现实世界。"感觉"是"现在我活在这里的现实世界"的活的感觉。这用哲学家海德格尔（Martin Heidegger：1889—1976）的用语来说是"在-世界-内-存在的一种方式（a mode of being-in-the-world）"。海德格尔的哲学不区分人和世界。人不是活在世界之中，人不能和世界区分，在这样的意义上世界和存在用"-"来连接。现在，这里的笔者是大学教授（大学教授的存在），这不是因为笔者内在有作为大学教授的本质，而是因为眼前教室里大学生们坐着在听笔者讲课。在大学生面前能够雄辩地讲课并不是笔者内在的性质，而是因为有太多热心听课的学生们在。像这样，让笔者作为能够雄辩地讲课的大学教授的是学生们，是讲课的情境，是大学的社会，是世界，是在-世界-内-存在，而不是笔者内在的性质。因此，作为在-世界-内-存在所感觉到的，不是我内在的性质，而是世界（情境和关系）。

3.7 "感觉"的未来取向

〈感觉〉总是朝向未来。例如，饥饿的"感觉"包含着接着要来的"进食"的方向性，而且是精密地指示着这个进食。现在的饥饿感不是指示着"吃什么都可以"，而是指示着某个特定的店里的"炸虾荞麦面"。而且，还指示着要在这个面里放多少香辣末。觉察到"肚子饿了"，一感触到"饥饿的感觉"，马上就会觉察到自己开始想象"下课后到那间荞面店去吧"。"感觉"就是如此地未来取向。

〈感觉〉朝向未来的性质在复杂的感觉上也是如此。人际关系上"难相

处的感觉"包含了要做些什么"修复"这个关系的意味。而且,在考虑修复的办法时要确认〈感觉〉是不是接受这个办法。如果这是〈感觉〉不接受的办法,感觉就不会变化。而想到了被感觉到"啊!就是这个!这个好!"的办法,就可以观察到"难相处的感觉"变化了。〈感觉〉总是具有精密的指向未来的方向性。

但是,一般来说,人往往把〈感觉〉原因归于过去。确实,过去在所有的体验上都暗在地发挥着作用。笔者之所以可以体验到"这个教室很宽敞,感觉很好",是因为过去的教室比现在的要狭小。但是,笔者进入教室感觉到兴奋不是因为回忆起了过去,而是因为马上要在这个教室和学生们互动,向着这个未来而兴奋。

〈感觉〉向着未来,但是一般的想法和许多心理临床学理论都倾向于从过去寻求〈感觉〉的根源。即认为在〈感觉〉中有"过去的原因"。在笔者体验到的"这个教室很宽敞,感觉很好"中,确实可以认为有"在比这狭小的教室里讲过课"的过去的原因。但是,过去的原因是在要说明为什么会体验"这个教室很宽敞,感觉很好"时出现的。也就是说,"过去的原因"是为了说明现在而出现的概念,而不是这个〈感觉〉的表述。在思考为什么现在想吃炸虾荞麦面的时候,"过去的原因"出现了。但是想到的"原因"并不是"现在肚子饿了,想吃炸虾荞麦面"的饥饿感本身的表达。

许多心理临床学的概念是寻求、说明"原因"的概念,并没有触及"感觉"本身。笔者想起到笔者这里来咨询的几个来访者述说的苦恼。他们都是公司员工,有男也有女,他们分别到其他大学的咨询中心去咨询。但是对他们几个进行面询的心理咨询师们在初次面询中从头到尾都在询问他们早年的成长经历。来访者们感觉到他们感受到的职场人际烦恼不能得到适切的应对。也就是说,小学发生的什么和现在的烦恼没有关系,他们感觉离得很远,不相信这些临床咨询师,于是中断了大学临床心理中心的继续面询而转求其他的咨询机构,结果到笔者这里来了。

在这些情境中，那些进行面询的临床心理咨询师假定了应该有"过去的原因"，并认为原因应该在早年。但是，那些原因不过是些为了说明而用的概念，也就是说明"为什么在职场的人际关系上感到不安"的概念，而且还是为了临床咨询师自我满足的概念。这与来访者实际"感受到的东西"相去甚远，结果使得来访者们感觉不可信。

人多会探索自己感觉到的东西的原因，但是感觉到的东西自身不是由过去的原因形成的，而是表示未来活法的"心的信息"（池见，1995）。来诉说不满的来访者们不是为了原因，而是为了寻求在人际关系中如何活下去、寻求朝向未来的信息而来咨询的。像这样，"寻求过去的原因"的想法离开了实际的"感觉"，也成了心理咨询的障碍。

"感觉"是未来取向的，但是不知道未来会发生什么。现在的饥饿感朝向炸虾荞麦面，但是在去荞面店的途中经过拉面店的时候，也许想吃拉面了。或者到了荞面店，也许这一天是店休日。这个时候会感觉到各种各样的情境。午休剩下的时间、一起去的人想吃什么、现在钱包里的钱还有多少的经济上的制约、自己的〈身体〉想要什么样的食物……从这些复杂的"感觉"中下一个店的可能性出现了。因为不知道人生中会发生什么，所以"感觉"的未来取向在生活情境中反复地生起又灭去，再生起再灭去（Ikemi 2014）。人的体验一边朝着未来行动，一边背负着过去。但是，体验既不由未来决定，也不由过去决定。

第3章 在说"感觉"的时候发生了什么

1. 感觉与语言

1.1 体验过程：与语言同在的、言犹未尽的什么

本节首先要解说上一章提到的美国哲学家尤金·简德林的关键概念"体验过程"，接着要结合心理治疗的案例解明在体验过程中感觉与语言是怎样互动的。

上一章论述了"感觉通过语言才能明在，但'感觉'总是言犹未尽"。包括感觉在内，人所谓的"体验过程（experiencing）"到底是什么呢？关于一般的体验，简德林在开始与咨询心理学的先驱卡尔·罗杰斯工作之前已经在自己的硕士论文中进行了考察（田中，2004a）。Experiencing 是德国的哲学家狄尔泰对 Erleben 的英译，简德林采用了这个词。今天，在日本心理治疗的世界，experiencing 被译为"体验过程"并且这个译法已被确定下来。

威廉·狄尔泰（Wilhelm Dilthey：1833—1911）是在19世纪下半叶到20世纪初活跃在德国的哲学家。在哲学史上多被归为"生命哲学"和"诠释学"。作为德国哲学的用语，狄尔泰是把"体验（Erleben 或 Erlebnis）"这个词确定下来的重要人物之一。

根据狄尔泰的说法，所谓体验是"包含了不清楚的什么"，而且有必要的话"也可以搞清楚那是什么样的东西"的质的存在。同时，狄尔泰论道:所谓"体验"是不能被概念和语言完全吸收净尽、是"无穷无尽的(unerschopflich/ inexhaustible)"(Dilthey,1927/日译,2010)。

关于狄尔泰的"体验(Erleben,Erlebnis)",简德林在硕士论文中做了他自己的考察。简德林论道:Erleben 因为是指"过程或者功能(the process or function)"所以译为 experiencing。另一方面,Erlebnis 是指"成单位的体验(a unit experience)"(Gendlin,1950)。也就是说,experiencing(体验过程)可以说是在可以数出1个或2个体验之前的过程推移,是无论关注不关注、在人的生命中都时时刻刻发生着的各种各样事情底下的什么(Gendlin,1962/1997)。

1.2 感觉与语言的关系:说者说话方式的不同

通过关注体验过程中的某一点,就产生了一个"体验"或者"感觉(felt meaning,felt sense)"*"。简德林在学习狄尔泰的哲学结束后在卡尔·罗杰斯那里进行心理治疗的实践,从那时候开始对"感觉"与"语言"的关系以更加精致的方式进行了考察。在早期的主要著作《体验过程与意义的创造》中,他把"感觉"与"语言"的关系分成了"直接指示""再认""解明""隐喻""把握""关联""表达"的七个种类。在这些分类中,本节特别关注"把握(comprehension)"和"直接指示(direct reference)。所谓"把握"是用语言表达,然后与感觉相互对照这个表达的语言是否真正贴切的作业。对此在接下来的1.3有详细的解说。所谓"直接指示"是一边说"这个""那个""有什么"等,一边来指示难以用语言表达的感觉的作业。对此请看1.4的详细说明。此外,针对来访者进行的不同作业治疗师需要作适切的应答,这也在1.3和1.4中分别谈到。

---

*felt meaning(意会)、felt sense(体会)两个都指向感觉。简德林早期是混用的,到了后来有区别。本书中对这种区别有说明。——译者注

第3章 在说"感觉"的时候发生了什么

1.3 把表达的"语言"与"感觉"相互对照

　　人往往找不到与感觉贴切的语言，有时候会一下子说不出想说的东西。在这样的场合会举出几个候选的语言，从候选的语言中，不是那个，不是这个，斟酌好像可以真正表达自己感觉的语言。这种语言的斟酌在心理治疗的面询中是常有的。在以下的逐字记录中不是来访者一个人工作而是治疗师和来访者共同工作，从几个候选中斟酌与感觉匹配的语言（笔者对表达感觉的语言加了下划线）。

　　逐字记录1（C=Client，即来访者；T=Therapist，即治疗师）
　　C3：做了梦……和某个男孩两个人……（中略）……之后又想到自己为什么要那样不去大学呢？是怕事到临头交不出报告吧。<u>犹豫不决</u>，<u>烦躁</u>，结果就<u>想退出</u>了。
　　T3：是在说这两件事有什么相似的地方么？
　　C4：是唉，自己为什么不尽全力做到最好呢？有很多借口……
　　（中间省略）
　　T5：那个时候的心情用"<u>烦躁</u>"最贴切吗？
　　C6：是唉，是，嗯……<u>想退出</u>
　　T7："<u>想退出</u>"比较好（Gendlin，1996／日译，1998（上卷），p.59，pp.80-81）

　　来访者在C3中举出了"<u>犹豫不决</u>"、"<u>烦躁</u>"、"<u>想退出</u>"等几个认为与"感觉"匹配的候选语言。接着在T3治疗师问在梦中的自己与现实的自己有相似的地方吗？但是来访者紧接着在C4说自己像在说别人一样地说了"……有很多借口"，有一点离开"感觉"了。
　　于是在T5治疗师再次从来访者在C3使用的语言中找出了"<u>烦躁</u>"，给来访者扔了回去。在C6来访者先是"是唉,是"对治疗师作了回应,但是斟酌下来的是别的语言,认为"想退出"比较贴切。治疗师在T5选的语言结果落选了。但是,在来访者在C6能够回去感触感觉这一点上,治疗师的应答是有助益的。这意味着在"犹豫不决""烦躁""想退出"中哪一个对于感觉来说是妥贴的语言,治疗师事先是不清楚的。"在对照来访者的体验世界之前是无法谈论这是妥贴的概念还是不妥贴的"(池见,1993)。

还有,从说自己像在说别人一样的说话方式到触及"感觉"的说话方式,来访者的说话方式实际上是有宽度、多样的。关于这种多样的说话方式与心理治疗成功或不成功的关系,详细请参照本章第3节"体验过程方式的视角"。

1.4 一边只是说"这个"一边感触"感觉"

刚才讨论了治疗师把之前候选的语言扔回给来访者,让来访者再来确认"这个语言真的很好地表达了吗?"

不过,还有其他感触感觉的方法。接下来我们来讨论暂且保留所选的与感觉贴切的"语言",通过直接地去感触这个语言所把握的"感觉"来找到更加贴切的语言。

"直接地"感触感觉的时候,作为来访者和治疗师常常使用的有代表性的语言,包括"这个""那个"等指示代名词。指示代名词从其没有固定的含义这一点上与刚才"犹豫不决""烦躁""想退出"的语言的作用不同。因为没有固定的含义,所以关于月亮的感觉也好关于调羹的感觉也好都可以用"这个"的语言来指代。而且即便是感觉的质感变化仍然可以继续使用同样的"这个"的语言。这样的指示代名词的作用可以说就像是什么门都可以开的万能钥匙(田中,2004b)。

以下的记录是逐字记录1稍后的摘录部分。请关注来访者和治疗师共同保留刚才把握感觉的"想退出"的明在语言,使用指示代名词感触"感觉"

本身的作业（{ } 和 " " 以及下划线为笔者所加）。

逐字记录2

T13：那个想退出的感觉是什么样的氛围/什么样的感觉的东西呢？我倒是有兴趣，可以感觉一下这个想退出的感觉么？

C14：是唉，{如果是"这个"}好像是可以感觉的。

T14：轻轻地感触一下"这个"看看，这样会怎么样呢？

（短暂的沉默）

C15：很<u>可怕</u>……好像世间要向我<u>咬过来</u>，有什么（笑）。

T15：嗯……嗯，是的呀。（Gendlin，1996/日译，1998（上卷），p.61，pp.83）

从C14到C15的开始的这一段时间中有某种信息的空白。来访者也好治疗师也好，把来访者的感觉只用"这个"来指代，来进行"即便两个人都还不知道实际上是什么，却还是在谈论这个感觉"（Gendlin，1961）的作业。来访者继续感触不成语言的感觉的作业通过治疗师的"轻轻地感触一下'这个'看看"的应答得到了继续支持。仅由"这个"的直接指示，把语言的含义缩到了最小。通过这样的作业，感觉具有的丰富的暗在侧面明显起来。这样一来，来访者有了"<u>可怕</u>""<u>咬过来</u>"的新表达，感觉更加鲜明起来。

从字面上看，"世间要向我咬过来"是奇怪的表达。"世间"没有嘴巴不可能咬过来。这里不过是用了比喻。来访者的表达是新鲜的时候这样的比喻常常被使用。关于比喻表达在心理治疗和日常生活中有什么样的功能，请参照本章第2节"心理临床与隐喻"。

此外，把不能立刻言说的感觉"直接地"指代的语言，并不限于指示代名词。例如对来访者说"那里好像有什么"的时候，"好像有什么"的语言也是直接指示感觉的。

1.5 在暗在之中

现在来讨论从上述1.3到1.4的举例和解说中可以考察到的东西。"感觉"通过语言得以明在，但是在得以明在之前有不清楚的什么包含在感觉之中。简德林把这个不清楚的性质叫做"暗在（implicit）"。重要的是，暗在的什么"并不是在布袋里的弹子儿"（Gendlin，1962/1997），"并不是在毯子下面隐藏着的以前就在那里的"（Gendlin，1996）。如果假设感觉只有在概念的明在秩序中才能成立，那么所谓的心理治疗即治疗师只是把隐藏在毯子下面的原先就在来访者中的东西挖掘出来的作业了。但是这难以说明感觉对各种各样语言（"犹豫不决""烦躁""想退出"）的反应，而且也难以说明出现意料之外的新鲜表达（"咬过来"）。实际上所谓"感觉"所含有的暗在的秩序可以说具有与治疗师互动的"在进一步的阶段中新创造下去"的性质（Gendlin，1996）。

而且，感觉由语言得以明在，但是之后却言犹未尽。在感觉和语言的往复运动中也许因为治疗的终结等会有休止符，但是与无穷无尽的感觉完全重合的究竟语言是没有终点的。可以说如果有必要的话，感觉和语言的往复运动可以无止境地继续下去。

1.6 感觉与各种活动的互动

本节只限于讨论语言与在心理治疗中的"感觉"的关系。但是与"感觉"相互作用的并不限于语言。相互作用的可以是自己昨天晚上做的梦，或者也可以是从杂志上剪下来的照片。关于这一点请参照本书论及梦的第6章第4节和论及艺术治疗的第6章第5节。

2. 心理临床与隐喻

2.1 前言

"更新换代（update）"一词，指的是通过安装新的数据使得操作系统（operation system，OS）的性能提高。本书的主旨是把心理临床的框架比作这个操作系统，让它更新换代，提高性能。

那么方才使用的"安装（install）"一词的意思会是怎样的呢？你知道吗？现在作为电脑用语完全固定下来的"安装"的英语单词原本是一个日常用语，指把设备和家具等安装在房间里。也就是说把电脑的 OS 比作了房间、把数据比作了家具和设备。平时我们不在意，当我们在思考、传递、理解什么的时候，是由"把某个东西'比喻'表达/理解为另外的什么"的"隐喻（metaphor）"的力量支持的。

心理治疗的过程也同样包含着丰富的隐喻。或者可以说，隐喻在弗洛伊德开创精神分析心理治疗的古典模型的时候就已经"原装（pre-install）"着了。隐喻的使用超越了各式各样心理治疗学派受到了广泛关注，对其的理解至今仍然在不断地更新换代。在本节中会从聚焦和体验过程的视角来谈论心理临床的隐喻。

2.2 隐喻

所谓隐喻，广义来说是"把某个东西比喻表达/理解为另外的什么"的一种修辞形式，属于比喻的一种。从狭义来说，包括例如"那个女孩像蔷薇花一样""像……一样（like…similar to …）"等表达在内的叫做"直喻（simile）"；"那个女孩是蔷薇花"这种不包括"像……一样"等表达在内的叫做"隐喻（metaphor，也称暗喻）"（佐藤，1992）。

隐喻包含着"被比喻的东西"[主旨（tenor）]与"比喻的东西"[媒体（vehicle）]以及两个东西之间的相似性[根据（ground）]这三个关系性元素（Rechirds，1936；山梨，2012）。如果是"那个女孩是蔷薇花"的例子，"那个女孩（主旨）"、"蔷薇花（媒体）"、作为两者的相似性——这些都有"美丽而带刺/不当回事的话马上就枯萎了……"等的特征（根据）。直喻与隐喻表现有不同，但在主旨、媒体、根据的三个关系性元素上是共通的。本节中的所谓隐喻意指包含直喻在内的广义的隐喻。

隐喻往往被理解为是"语言的技巧"的议题。但是自 Lakoff 和 Johnson 的《隐喻，我们生活的凭依》（*Metaphors we live by*，1980）以来，在认知语言学的领域，隐喻给人的认知和思考带来的影响受到了关注。正如 Lakoff 等指出的，就如"心情高涨"、"论战"一样，我们确实在表达什么的时候广泛地使用着隐喻。本节开头的"更新换代"和"安装"的例子也是同样。甚至我们离开隐喻就难以说话了。

我们的日常用语是由如此丰富的隐喻支持着的。而心理治疗中用的语言也同样是由非常多样的隐喻支持着的。

2.3 心理治疗中的隐喻

心理治疗与隐喻的关系由来已久，自弗洛伊德发表《梦的解析》（Freud，1900）以来一直受到关注。虽然弗洛伊德在心理临床上最早提到了语言的微妙，而在精神分析中使隐喻的功能体系化的是法国的精神分析家拉康（J. Lacan；1901—1981）。拉康把隐喻与换喻的不同和防御机制的不同作了对应，把隐喻的功能发展成了临床上的题材（Fink，1995 / 日译，2013）。另外在日本，北山（1993）从精神分析的观点出发详细地研究了隐喻的语言"桥梁"作能及其创造性。

在认知行为疗法领域隐喻也受到重视。例如在《牛津指南——认知行

为疗法中的隐喻》(*Oxford Guide to Metaphors in CBT*, Stott et al, 2010)中,谈到了在抑郁和焦虑障碍、双相障碍以及进食障碍等的认知行为疗法中使用隐喻。此外,在被称为"第三代"的正念疗法(Kabat-Zinn,2007)和接纳与承诺疗法及其背景的关系框架理论(Torneke,2009/日译,2013)中,隐喻也被作为重要的话题。

在家庭治疗也有关注语言功能的心理治疗学派,积极地把隐喻的使用进行着理论化和技法化。作为为心理治疗的语言系统带来变化的"处方"(这个词自身就是一个隐喻),Barker(1985)从多个方面归纳了家庭治疗中使用的隐喻。De Shazer(1994)等的解决取向的研究也有使用隐喻的好例。

综上所述,心理治疗的各个学派共同关注着隐喻的功能。先前提到,日常的语言原本就是由隐喻支持着的,而在心理治疗中尝试使"语言的力量"活性化的时候隐喻可以发挥其起点的功能。

本节的目的是从聚焦和体验过程的观点来看隐喻的功能,为心理治疗的更新换代做贡献。隐喻也被以人为中心疗法(PCA)和体验性心理治疗所采用(Rennie,1998;Worsley,2012,等)。简德林的隐喻理论以独特的视角论及了隐喻的创造性,可以为隐喻的临床运用做贡献(冈村,2015)。

2.4 "感觉"与隐喻

在心理治疗时来访者(CL)的语言中含有丰富的隐喻。就如上节"感觉与语言"中也提到的"好像世间要向我咬过来"的表达当然是隐喻。把"世间(主旨)"比喻为"咬过来(媒体)",这个来访者真的在与感受到的像"咬过来"的"那个感觉"互动。

首先要强调的是,接到来访者"好像世间要向我咬过来"的表达,治疗师(Th)如果像"是呀,这个来访者对世间有被害感呢……"那样想的话,就没能读取到这个隐喻中(隐藏的意义)。治疗师与自己对这个"好像世间要向我咬过来"的表达感受到的"这个感觉"的互动是非常重要的。

治疗师真正感受到的东西具有独自的质感，而且用现存的语言不能立刻表达的为多。因此治疗师在用语中会隐喻地把自己的感觉比喻为"别的什么"。这个感觉不是"好像世间'要向我吸过来'"，也不是"好像世间'要向我抱过来'"，而恰是"好像世间要向我咬过来"被治疗师精密地感受到了。从聚焦的观点来说，为了让来访者适切地与这个独自的隐喻所指的独自的质感互动，治疗师的促进是非常重要的。

关于来访者的隐喻表现，在下一节关于体验过程量表的研究也有涉及。Hendrichs（1986）在报告中说，作为来访者与自身的体验过程互动的高体验过程水平的特征是"隐喻性的表达"增多。另外，Cornell（2013）和Purton（2004）等聚焦取向的实践者也指出"生动的隐喻（vivid metaphor）"和"新鲜的隐喻（fresh metaphor）"在心理治疗过程中起到了重要的作用。

请关注这个"生动"和"新鲜"的形容。对于治疗师"最近怎么样呀？"的提问，比如说来访者回答是"哎，像热锅上的蚂蚁"。这在修辞上也是隐喻，但是是惯用句，也就是所谓"死了的隐喻（dead metaphor）"（Gibbs，1994）。在这里来访者对自己生的状态没有作"被生动地感觉到的质感"的表现（来访者自己也在不自觉地用着隐喻）。有没有使用隐喻的表现形式不重要，重要的是有没有真正生动地体验到这种隐喻的质感。

还有一点，"象声词"是表达生动质感的表现形式之一。象声词是以声音的样式表现某种事态的方法，分类为拟音（扑通扑通）、拟态（一阵一阵）、拟情（慌慌张张）等几个分支，这些都是"生动地想起事态整体的语言表现（深田，仲本，2008）。而且在日语中象声表现尤其多，在以日语为母语的说者中"有置于事态之中、以自己的身体来感觉并直接把握事态整体的强烈倾向"（深田，仲本，2008）（关于日语与聚焦的关系，也可参照第6章第6节）。

在聚焦过程中说者也频繁地使用象声词。例如说者用"模模糊糊的感

觉"的象声词。当然，实际上在"身体"的内部不会有"模模糊糊"，这是隐喻。而且，如果把这里的"模模糊糊"变换一下，即便是稍微地变为"迷迷糊糊"，其质感就会完全不同。象声词如果不是作为惯用句而是作为表现那种质感的手段，就发挥了表现体验的隐喻功能了。象声词的语言很适合"生动"地表现质感。

例如来访者说"感觉沉甸甸的"。但是实际上体内不会有任何重量上的变化。"沉甸甸"的象声词所表达的是身体所感受到的东西，并不是指身体的内部。来访者感受到的"沉甸甸"，即"沉甸甸"这个媒体所比喻的主旨是与身体相互作用、来访者就活在其中的"情境"（也可参照第2章第3节—第6节）。

2.5 语言与情境的"交叉"

在聚焦中，为什么〈身体〉直接感觉到的东西重要呢？这是因为最精密地知道说者或来访者所说话题的情境的，是与情境直接相互作用着的〈身体〉。那么，为什么要尝试用丰富的隐喻或象声词、用语言去表达这个感觉呢？这是因为通过语言与情境的互动，可以更加精密地理解暧昧却确实感觉到的情境的意义。

简德林把语言与情境之间的这种精密的创造性的互动叫做"交叉（crossing）"（Gendlin，1995）。我们生在其中的情境本身是复杂的并包含着诸多意义，而且即便用某一个词，这个词也在各种各样的背景中具有各种各样的使用方法。沉甸甸的炸猪排、沉甸甸的金条和沉甸甸的工作，即便是同样的"沉甸甸"，其韵味只有微妙的差别，但确实是不同的。

情境与语言交叉的时候会产生新的意味。有人在说"那个女孩是蔷薇花"的时候，作为前提，我们常常会认为"那个女孩"与"蔷薇花"之间原本就有某种相似性，所以隐喻成立了。但是实际上，"那个女孩"与"蔷薇花"的相似性是通过"那个女孩"与"蔷薇花"两个东西的交叉在之后被〈创造〉

的（Gendlin，1995）。所以，"那个女孩"与"蔷薇花"的相似性只有想不到没有创造不出来的。

简德林举过这个交叉的例子："你的愤怒如何与椅子相似？（Gendlin，1986）"于是，一边生动地感觉愤怒一边在思索与椅子的关联的时候，愤怒与椅子的相似性被新创造出来。例如"沉重得动不了""向那个家伙扔过去正顺手""正在给我支持"……这个愤怒的特征通过与椅子的特征相交叉重新精致地显现出来了。

在交叉中两件事的相似性不是事先就决定好了的。这有点像猜谜时谜底的检索："谜面是愤怒，谜目是与椅子相关，谜底是……"（在第6章第6节中也有关于"猜谜"与聚焦相似性的解说）。

来访者一边在感触关于自身情境的生动感觉，一边在述说"沉甸甸"的时候，这不单是在描述身体的感觉，还包含着更多的东西。这个时候的来访者正活在"沉甸甸的情境"中。这个"沉甸甸"的表达是"关于情境的隐喻"，而来访者在自问"现在情境的什么地方如此地〈沉甸甸〉呢？"的时候，正在"反观"这个情境微细的质感。关于情境的生动的隐喻在临床实践中发挥着重要的功能。因此，许多心理治疗学派在治疗契机中都在关注隐喻。

作为从体验过程的观点诞生的技巧，"心天气"广为人知（土江，2008），其目的是用天气比喻和表达对情境的感觉，反观情境并保持合适的距离。例如，把某种情境以气象用语比喻为"进入梅雨"时（冈村，2013），这不仅是现在的情境，还包含着"暂时还会阴雨绵绵所以还是不怎么行动为好"或者"下雨就没好玩的吗？"等下一阶段，在展开隐喻的同时不断创造与情境新的"互动方法"。

总是时刻变幻、不断生成新的事态的气象现象作为隐喻非常适合表现我们的体验过程。但是当然我们的情境是天气比喻不过来的，其包含着更加复杂的意义。于是就有新的隐喻产生，新的隐喻进一步推进情境前行。

生动的隐喻与情境相交叉，发挥着指示新活法的原动力功能。

2.6 小结

把一时说不清的、暧昧质感的"这个感觉"与语言进行交叉，感觉的意味会更精密起来。所谓心理临床是以隐喻为抓手、与治疗师一起聚焦情境的细微复杂、一起在那里停留或一起前行的过程。

隐喻是来访者与治疗师之间的桥梁，也是来访者自己回顾情境的桥梁。正是在回顾情境的心理临床现场，生动的隐喻功能才能活性化。交叉这个概念在聚焦和心理治疗中隐喻功能的更新换代上蕴含着丰富的启示和智慧。

3. 体验过程方式（通过 EXP 量表）的视角

我们平常想说什么的时候，有时会问自己要说些什么呢。至少有两个理解这种现象的视角。一个是以说的"内容"为说话中关注的重点，而另一个在聚焦中的重要视角是"如何说"。"今天由于梅雨季节的影响下着雨"与"今天下着雨，天空虽然阴沉沉的，但总觉得雨声好舒心"这两句，内容都是在说"天气"，但是一旦注意到说话的方式，就可以看到陈述状况与说状况时的感觉的区别了。

以后者的视角来操作性地定义说话的体验性过程就是体验过程量表（The Experiencing Scales，以下简称 EXP 量表）。本节中要介绍 EXP 的形成和概要以及主要的研究，并试图提供理解"说"的体验过程的视角。

3.1 EXP 量表的形成

测定人说话过程的尝试可以追溯到卡尔·罗杰斯（Rogers, 1958／日译，1996）关于"过程量表"的一系列的研究。那个时候的罗杰斯与简德林在进行共同研究，受到了体验过程理论（Gendlin，1964等）的影响，开始展开关注过程的理论。后来，经由简德林他们（Gendlin et al.，1967／日译，1972）的"评定体验过程的量表"，克莱茵（Klein. M.H）等在1970年开发了EXP量表（Klein et al.，1970）。在日本，池见等（1986）发表了日文版的EXP量表，之后由三宅等（2008）开发成了五阶段的EXP量表。

3.2 EXP量表的概要

EXP量表是用来评定来访者的发言的。从面询的录音和逐字的记录中根据研究的目的取出4—8分钟的片段，对来访者发言的每一句进行评定。评定的基准如表3-1所示，分为七个阶段（更详细的评定基准，请参照池见等1986）。低级阶段的特征是不谈感觉只说情况，到了高级阶段，表现为接触感觉，进而体味感觉，把觉察扩展到其他发生的事情上。五阶段的EXP量表是把这些作了归纳，简便化了（表3-2）。

表3-1 七阶段EXP量表的概要（久保田等，1991）

阶段	评定基准
1	说与说者无关的外在的事情。
2	说的内容与说者有关联，但没有表明说者的心情。理性或行为上的自我描述。
3	说者对于外在事情的心情得到了表达，但是没有进一步表述自己。
4	对发生的事情的体验和心情是谈话的中心，关注自己的体验，一会儿靠近体验，一会儿深入体验。
5	关于自己的体验提出问题和假设。探索性、思考性的犹豫斟酌的说话方式。
6	觉察到自己的新的心情和体验，说自己新的体验和心情变化。
7	说者关于心情和体验的觉察扩展到人生的方方面面。

表3-2 五阶段EXP量表评定基准的概要（三宅等，2008）

	五阶段	七阶段	评定基准
以发生的事为中心阶段	很低（VL）	1、2	说者说发生的（与自己无关的或有关的）事，但看不到心情的表达。
	低（L）	3	在说发生的事时有心情的表达，但是是作为对发生的事的反应来说心情的。
以心情为中心阶段	中（M）	4	不是作为对发生的事的反应，而是作为表明自己应有的状态来说心情。表现出丰富的表情，但没有进一步去体味心情或尝试心情与情境的关联。
以创造过程为中心阶段	高（H）	5	一边说心情，一边自己体味这个心情或设立假设要理解这个心情。说话方式上以沉默为多。
	很高（VH）	6、7	好像有了领悟，心情得到理解。有时声音变大，变成确信什么的说话方式。

评定的时候不受来访者前后发言和来访者说话流程的影响，只关注他的发言。关于片段内的评定值，作为代表值采用最频值和最高值。在研究用的场合，用复数评定者评定值的级内相关（Ebel，1951；Guilford，1954）等来检查其可信度。

用样本片段*来看一下EXP量表的很低、低、中、高、很高的特征（以下C为来访者的发言，T为治疗师，编号为发言的编号）。

【很低（VL）；低（L）】

C1：是的，很悠闲呢。那，在那个列车上，多长时间，好像乘了40分钟吧（T：嗯嗯嗯）。到了地方，也不全是农田（T：嗯），嗯，好像，职业学校什么的（T：嗯）或者短期大学集中在一起的地方唉。

T1：啊，是吗？

C2：虽然是乡下呢（T：是哦）。所以，下了车（T：嗯），非常安静（T：嗯），到处全是农田（T：嗯），而且也有人家，哦，有一些这样聚集

---

*样本片段的一部分（很低、低、中）引用自三宅等（2008）的例子。

在一起（T：嗯），但是没什么人唉（T：哼）。但是年轻人（T：嗯），唉……那，那个风景很少有……

T2：似乎是不协调的感觉。

C3：是，是，是，年轻人呢（T：嗯），一伙一伙的（T：嗯），这里那里都有（T：哦）。开始是不知道（T：嗯）。后来总觉得这个短期大学什么的（T：嗯），职业学校什么的（T：嗯），哦，附近有那么两三个，所以是有年轻人的呢（T：嗯）。有意思呢。

T3：有意思呢。

C4：是，于是，哦，去拜访了人（T：嗯嗯），真的有意思哎，那个风景。

T3：嗯嗯，好像那风景整体是有意思的感觉。

C5：是唉，一乘上列车（T：嗯），还是乡村的，那个风景（T：嗯）。那个农田的风景真好唉（T：嗯嗯）。

来访者说话的中心是最近去过场所的情景描述。对此是如何感觉的只有"很有意思（C3）"的对情况的反应。因此，C1、C2评定为VL，C3、C4、C5评定为L。

下面来看一下同样的来访者和治疗师面询的之后的片段。

【高（H）】

C1：然后……稻穗在摇摆。

T1：然后就只是，只是宽广吗？有某种程度的宽广，在一下子宽广的地方，稻穗在摇摆，好像这个，你刚才说是非常怀念，（C：嗯嗯。）怀念这个词最贴切吗？

C2：嗯嗯怀念……怀念呢……怀念，似乎呢，怀念是非常吻合，不过，（C：嗯。）似乎有什么不一样，现在，总觉得似乎还有一点点什么。

T2：嗯嗯嗯，好像不仅是怀念，还有点什么。

C3：是是，是是是……怀念……怀念……好像也感觉到美丽吧。

T3：怀念……不仅是怀念，也有美丽。

C4：嗯嗯。不仅是怀念，也有美丽。

【很高（VH）】

T1：像奶奶。好像，温暖呀，（C：是。）也有这样的东西，（C：嗯。）就像见到了奶奶似的感觉。（C：是是。）

C1：嗯……是呀，见到了祖母的感觉……比见到了的感觉（T：嗯），似乎，好像也有怀念……祖母也是这样温暖的人（T：嗯嗯），是的呢。

T2：嗯嗯，好像这样的奶奶有的温暖的东西（C：嗯嗯），见到这个人感触到了。是不是呢？

C2：嗯，嗯嗯。这非常令人怀念……是的，好像是，是的是的……嗯，啊，好像似乎在希求非常温暖的东西。

T3：啊，啊，啊，自己希求温暖的东西。希求着的感觉。

C3：嗯嗯，是是。

T4：这样自己说一下是什么感觉？

C4：嗯……（沉默29秒）……嗯，好像，是呀，和这个……好像能与这个人相见非常开心（T：嗯），似乎两个东西合在一起了。

T5：好像这个希求着的感觉，和与这个人能相见的开心的东西，这两个东西现在在一起了。

C5：是的呢。啊，似乎感觉到我在疗愈。

我们来讨论一下这两个片段。在最初的片段中，来访者说话的中心是以"怀念（C2）"开始的来访者的感觉。在高（H）的片段中，可以看到"似乎有什么不一样（C2）""怀念……好像也感觉到美丽吧（C3）"的感觉的体味。在很高（VH）的片段中，来访者觉察到了与祖母的感觉相似的东西，"在希求非常温暖的东西（C2）""似乎感觉到我在疗愈（C5）"，说到了来访者活着的当下的觉察。这样，在很高（VH）中，这种觉察会扩展到人生的各个侧面而不仅是最初说的状况。

中（M）比低（L）说话的中心要偏向感觉，但很明显没有在高（H）中对感觉的假设和体味。来看一下另一个来访者与治疗师的片段。

【中（M）】

C1：嗯，好像，眼前自己想做的事情满满的太多，不能集中在一件事情上唉。

T1：想做的事情满满的太多，不能集中在一件事情上呢。

C2：嗯，好像，既不能集中，这样的自己，又好像很烦躁……嗯，似乎，自己眼里想做的事情满满的太多，一件事情……

T2：对于不能集中的自己烦躁起来。

C3：好像，这样下去，会成什么样子，的这种感觉。非常满的。

T3：对今后感到不安，满满的是吧。

C4：嗯，好像，怎么搞的呀，想按要领好好做的，结果自己全搞砸了，努力也没用了，哼。

T4：想按要领好好做的，结果全搞砸了么。

C5：是，所以……觉得我这个人好像很笨，结果一个人意气消沉了。

T5：嗯，嗯。所以，现在自己最优先该做什么，自己不能很好地安排……

C6：在自己的内在，是不能很好地安排先后顺序唉。

来访者使用了"很烦躁（C2）""满满的（C3）"等各种各样的语言来说自己最近的感觉。从"眼前自己想做的事情满满的太多（C3）"的情况说明

开始，在之后的发言中来访者说话的中心集中在了如何感觉上了。不过，与高（H）片段中所看到的试探与自己感觉吻合的语言还是明显有质的区别。

3.3 使用 EXP 量表的研究

早期代表性的研究有研究来访者 EXP 水平与心理治疗结果的关联的（Kiesler，1971）。这项研究报告说在治疗中成功的人相比不成功的人自治疗初期阶段 EXP 的水平要高，而且这个倾向在治疗的全过程都持续着。之后的研究有克莱茵及其合作者（Klein et al，1986），亨德里克斯（hendricks，2001）、三宅（2003）等人做的。在日本，有通过 EXP 量表对临床案例的过程进行分析研究（田村，1994；土井，2007；三宅，松岗，2007）和在倾听教育中通过 EXP 量表进行评定练习的例子（池见，1998）。此外，为测定治疗师的 EXP 水平的治疗师 EXP 量表也被开发出来（Klein et al，1986；吉良等，1992）。2000 年以后，使用 EXP 量表进行的研究在国际上可以看到有减少的倾向。关于最近使用同量表的国际性研究动向请参照 Krycka 和 Ikemi（2016）的研究。

3.4 EXP 量表在临床中的活用——治疗师在倾听中关注什么？

本来 EXP 量表是以量化说话的品质为目的开发出来的，用来评定来访者具体的发言。因此其界限是在来访者的发言中隐隐约约被感觉到的感觉并不被评定。但是几个研究表明了关注感觉的明在化过程的临床评定练习的有用性（池见等，1986；中田，1999 等）。

如果注意 3.2 所举样本片段的治疗师的发言，可以看到治疗师不仅关注来访者的发言，也关注来访者作为语言还没有概念化的感觉。例如，在很高（VH）、高（H）片段中，治疗师不怎么对来访者说的情况作反应，只对感觉作反射（T3）。

治疗师也有把从来访者情况说明中感受到的感觉语言化的发言（T2）。

中（M）片段中，治疗师归纳并反射来访者围绕情况的各种各样的感觉，这时候如果能问"什么样的语言和现在的感觉吻合呢？"也许可以让来访者慢慢去感触感觉，进一步推进体验。关于在 EXP 各阶段什么样的应答是有效的，三宅（2007）了解得比较详细。

粗看治疗师的应答，即便是同样的反射，如果从有没有关注来访者体验过程的方式并进行应答的视角来看的话就可以明白其品质有相当大的区别。如果以体验过程方式的视角来读下一章，倾听的质感会感觉更加生动。

第4章　治疗师在倾听时发生了什么

在第1章中我们解说了美国心理学家卡尔·罗杰斯（Carl Rogers）开发的在心理治疗中非常有特征的"倾听法"。这在后来被叫做"倾听"、积极的倾听（active listening）、体验性倾听（experiential listening）、反射性倾听（reflective listening）等一些名称。一般来说，倾听也被叫做"心理咨询"。在这个意义上罗杰斯在有些场合被认为是"心理咨询的鼻祖"。

另一方面，罗杰斯在初次公开自己的倾听后，马上有人说这是"鹦鹉学舌的技法"。罗杰斯很在意这种"受人讥讽（caricatured）"。他后来回想（Rogers，1980，1986）他在那之后就决定不再详细地去解说倾听了。作为实际技法的如何倾听不再被提起了。而从他的倾听和心理治疗如何"被赋予特征（characterized by）"的视角，听者即治疗师或咨询师的"态度"（第5章第3节）则被凸显、被研究，然后发现确实这样的态度与心理治疗的成功有关。但是，关于实际的倾听，因为罗杰斯自己没有详细解说，可以说这成了"不解之谜"。在罗杰斯门下的尤金·简德林结合自身的理论在他的著作《心理聚焦》（Gendlin，1982/2007）中公开了"倾听指南"（第5章）。之前的"不解之谜"被公开了，这个意义很重大。但是从倾听发展史的观点来看，可以说这里产生了"扭曲"。为了一窥罗杰斯的倾听，必须要读简德林的著作《心理聚焦》而不是罗杰斯的。简德林的"倾听指南"对以后倾听的解说也有很大的影响。这个指南在某种意义上更新了罗杰斯的倾听，因此之后的倾听被更新换代了。本章和下一章要介绍被称为聚焦的简德林的实践以及他的哲学，要解说结合了这些的被更新了的倾听。在此之前，本章要介绍治疗师或咨询师在倾听时究竟发生了什么。然后援用简德林的哲学来探看在治疗师应答时发生着什么。

1. 治疗师在倾听的时候发生了什么？

治疗师在倾听的时候会发生什么事情呢？这和一般的会话有什么不同呢？为了讨论这个话题，本节首先呈现一个"虚构的"倾听的逐字记录。虽说是"虚构"，但这里的逐字记录是改写了笔者所做的实际面询的事实关系，删除了一部分发言后编辑而成的，并不完全是虚构。

在心理临床的历史上，最初在心理治疗面询的录音上成功的是卡尔·罗杰斯（Rogers，1942/1989）。今天我们进行录音、摄像很容易，但是在罗杰斯的时代连磁带录音机还没有普及。研究团队借了音乐录音棚，在那里进行心理治疗面询，把面询录在唱片上，然后把录音内容的原话准确无误地写下来。这样的"抄本"被称作"逐字记录"。看到逐字记录，就可以仔细地研究面询的流程、每个瞬间发生了什么，而由治疗师（咨询师、心理治疗师、听者）的应答引起了什么，可以将治疗师听漏了什么以及治疗师理解得不正确的地方研究得一清二楚。在本书的第6章第2节也有实际的逐字记录，然后在第6章第3节讨论了这个逐字记录。像这样，在如今罗杰斯流派的心理临床师教育和一般的倾听教育中，逐字记录的探讨已经是不可或缺的了。

另外，以下的逐字记录有点不规则。因为插入了一些解说。读者可以先不去管解说，先读说者（S）与听者（L）的交流。然后再来重读并探讨记录。而且理解了本章解说的诸概念后再回来读，会有更深的理解。

第4章 治疗师在倾听时发生了什么

逐字记录（S=Speaker，即说者；L=Listener，即听者）

S01：……所以，每天，都和她说话了。说是说话，感觉是我是在接受她的相谈，谈有关她的问题。不过，换了工作，咔嚓一下，中断了关系，也不是说结束了，我觉得……（5秒沉默）

　　　　　　　　　　［说者（S）的EXP（见第3章）是低水平的。］

L01：也不是说结束了。

　　　　　　　　　　［听者（L）的应答被称为"反射"］

S02：不？结束了吗？嗯？嗯，结束了……还不如说，有不想结束的感觉……

　　　　　　　　　　　　　　［S的EXP是高水平的。］

L02：这里有一个不想和她结束关系的自己。

　　　　　　　　　　　　　　　　　　［应答是"反射"。］

S03：是唉……是这样的吧，是这样的（笑）。其实，有点孤单了（笑），好像有这样的感觉……

　　　　　　　　　　　　　　［S的EXP是高水平的。］

L03：啊？似乎，有孤单的感觉。

　　　　　　　　　［应答是"反射"。把"似乎"加入应答是为了要感触"孤单"的体会。］

S04：嗯？孤单，也有孤单吧。不过，感觉不仅如此，那里好像还有什么。

　　　　　　　　　［说者的EXP是高水平的。"还有什么"是还没马上成为语言的直接指示（见第3章）。］

L04：孤单确实有，但是不仅如此，还有什么。

　　　　　　　　　　　　　　　　　　　　　　［反射］

S05：是这样的，嗯？怎么说好呢。好像，不清楚的，怎么说才好呢……

（5秒沉默）

　　　　　　　　　［说者继续感触"直接指示（体会）"。EXP 是高水平的。］

L05：来关注一下〈身体〉吧。胸部和腹部，身体正中这一带。不清楚的感觉，是怎么样被身体感觉到的呢？

　　　　　　　　　　　　［应答是聚焦特有的应答（参照第 5 章）］

S06：嗯？是什么呢（闭上眼睛）……（10 秒沉默）……嗯，有模模糊糊的感觉。

　　［说者的 EXP 是中水平。 作为"模模糊糊"的隐喻被感受到了。］

L06：那里有模模糊糊的感觉。

　　　　　　　　　　　　　　　　　　　　　　　　　　［反射］

S07：是这样，模模糊糊……模模糊糊……但是也有针扎的感觉。好像在模模糊糊中有刺进来，针扎的感觉……

　　　　　　　　　　　　［说者的 EXP 是中水平。隐喻变得更精密了。］

L07：在模模糊糊中有刺进来，针扎的感觉。

　　　　　　　　　　　　　　　　　　　　　　　　　　［反射］

S08：是的。模模糊糊，针扎（约 20 秒沉默）嗯~是什么呢？

　　　　　　　　　　　　　　　　　　　　［说者的 EXP 是高水平］

L09：刺，是什么呢？

　　　　　　　　　　［听者的应答是聚焦的叩问（参照第 5 章）］

S09：咦，是刺吗？嗯~是什么呢？反正在胸口有针扎似的痛的感觉。是很小的刺，但是扎得慌。

　　　　　　　　　　　　　　　　　　　　［说者的 EXP 是高水平］

L09：我听上去的感觉，说不定，你……似乎在责备自己……是不是这个自责呢，听上去好像这个变成了刺，刺在你的胸口……

　　　　　　　　　　［听者的应答是从听者的追体验（见本章）来的。］

S10：啊啊，的确，是这样的（笑）。在责备自己唉。做得不够好，或者说，帮上忙了吗？

［说者的 EXP 是高水平］

L10：帮上忙了吗？

［反射］

S11：啊啊，是的。与其说是没帮上忙，还不如说是不完整感那样的东西。没能够相处到最后解决问题……啊，是没有做完的感觉，心里牵挂，是不是呢……

［说者的 EXP 是高水平］

L11：不是责备自己，而是感觉心里牵挂。

［反射］

S12：啊，现在，想起来了。我接受她的相谈、听她述说，在职场有人认为这不太好。唉，认为不好，是我的推测。总之，那个人还是……认为不太好吧。然后，我开始在意那个人的视线了。啊啊，现在开始在意这个人了……在意了……已经换了工作、没有关系了，怎么……（笑）不，不过在什么地方，一直在意着。啊，现在觉察到了。

［说者的 EXP 水平非常高］

L11：心里牵挂以外，在职场有人认为这不太好，到现在还在在意这个人在怎么想。

［反射］

以下省略

1.1 关于事实关系

一般人往往会认为在心理咨询或心理治疗的面询中咨询师就像案情调查一样听取事实关系，然后对此给予咨询意见。但是，实际的面询是像上述例子那样，很少有听取事实关系的场面。这个倾向尤其以来访者中心疗法、聚焦等以人为中心疗法为显著。正如简德林指出的（Gendlin，1986），说者在感触被自己感觉到的体验过程的场合，"必要的新事实"会呈现出来。也就是说，在听到触及"感觉"的话的时候，相比最初输入的事实关系，更多的事实关系被输出出来。

在心理治疗以外的专业面谈中设置的模式是，开始时收集事实关系进行输入，然后对此专家给予意见进行输出。在这种场合，比方说，事实关系的信息收集花40分钟，专家的意见花10分钟左右，输入的量比输出的量要多。在这种模式中思考并给出意见的是专家。但是在倾听中，重要的是来访者的思考，倾听者一边倾听一边陪伴、促进这个思考过程（体验过程）。

在上述例的S12中，说者"啊，现在，想起来了。我接受她的相谈、听她述说，在职场有人认为这不太好"的新事实出现了。关于这个"有人认为这不太好"在开始根本没出现。在体验过程的进展中，新事实不断地出现，所以输出的量要比输入的量要多。这种思路的不同可以用下表表示。

【通常的专业面询】
事实（输入）⇒ 判定/建议（输出）

【倾听】
事实（输入）→ 体验过程 → 新事实1（输出）→ 体验过程 → 新事实2（输出）→ 体验过程 → 新事实3（输出）……

在心理临床上的初次面询叫做导入面询（intake interview）。这个面询的目的是收集信息，由此来决定能不能接来访者、介绍或联系医院。而且与来访者之间达成今后心理治疗设置（频度、收费、时间等）的共识。但是，在导入面询以后的心理治疗面询中，在心理治疗上就不再进行事实关系的导出了。尤其在倾听中，是跟随体验过程和来访者一起探讨呈现出来的各种各样的新事实。

1.2 "听"与"问"*

用日语表达倾听的场合，使用的汉字是"聴"。"聴"有"洗耳倾听"的意味。另一方面频繁使用的"聞"字有"问而知之。从耳朵听来的知识"的含义。尽管在倾听中不是询问事实关系的情况或知识，但是似乎许多心理临床的初学者还是默认地以三个前提在听来访者的话。其一是以"收集信息"的意味在听，然后治疗师把收集来的信息塞到什么理论框架中去思考来访者的心理状态。这个时候眼前的来访者成了理论的一个例子，治疗师关注的是理论，没有把来访者看作一个人。而且有时候为了要适应理论框架便勉强地硬要问出些什么，不合理论框架的部分相反会被听漏。第二个默认的前提是预设在来访者的话里隐藏着什么，为了暴露这里隐藏着的什么，要"问出来"或者"想要问出来"。许多初学者会假定这里隐藏着的是某些感情。第三个前提是"听"是为了通过说话来"减压"，使感情"宣泄出来"。在第二个和第三个默认的前提下，如果没有强烈的感情表达，初学者就会认为"没有很好地在听"。而在来访者看来，这是一种自私、强行的期望。

倾听的"听"远离这些前提。就像上述逐字记录里有的，听者（L）不询问事实关系，而且也不去导出强烈的感情。相反让读者感觉到是在"顺着说者（S）故事的流向"。这不是在"迎合"说者，而是在维持听者主体性的同时，不妨碍说者故事的流向，"促进着"说者的故事。说者说话的内容在下一个瞬间朝向哪个方向连说者自己也不知道。说者和听者感觉是像顺着不知道会到哪里去的潮流。例如在上述逐字记录的开头，说者自己也不会想到后来会出现"我接受她的相谈、听她述说，在职场有人认为这不太好"的话题。谁也不知道下一步说话的内容会向那个方向进展。听者的角色不

---

*在日语中"听（聴く）"与"问（聞く）"的发音相同。——译者注

是朝着某个方向去推进。用一个比喻来说,风吹着帆,两个人留意让乘坐的小船继续前行。也就是说,"体验"作为过程持续展开,留意要"不失去过程性"。

2. 反射

为了推进说者的体验,让故事"自行推进性(self-propelling: Gendlin 1964)"地展开,听者要如何来"洗耳恭听",如何来应答呢?来看一下逐字记录吧。听者始终要对来访者体验过程的状态(EXP 水平)而不是对说的内容洗耳恭听。而且请关注一下让故事自行推进而使用的"反射"应答。反射是什么样的应答?请确认一下在解说中注有[反射]处的听者的发言(应答)就明白了。这里仅示一例。

S02:不~结束了吗?嗯~嗯,结束了……还不如说,有不想结束的感觉……

L02:这里有一个不想和她结束关系的自己

[应答是"反射"。]

这里 reflection 的应答日语译为"复述*",但是用这个译语不能完全把握这种应答的意味。如下所解说的,笔者认为 reflection(反射)中存在着三个含义。

---

*这里的日语原文是"伝え返し",一般译作"反射"。但是著者后面特别强调了"伝え返し"和"反射"的区别,为了表示这种区别,所以把这里的"伝え返し"译作"复述"。——译者注

2.1 前反省意识与反省意识

心理治疗面询是人回顾所在情境和人生的场（Ikemi，2013，2014a，2014b）。这不是先说故事然后获得建议的场，相反是通过说故事来反省某个情境或人生状况的某个局面。上述例子中的说者（S）在听者（L）的陪伴下回顾了某个人生情境。经验尚浅的心理治疗师有时会陷入"必须要说些帮得上忙的话"等心理治疗师自己孤立又迅速的想法之中。在这种时候请想起眼前有一个人，这个人期待着和治疗师一起来反观*情境和人生。

在这里表达的"反观"在哲学用语上叫"反省"或"反省意识（reflexive consciousness/awareness）"。反省一词一般有"做了错事后悔"的意味，但是在哲学上不是这个意思，是"反思"，所以也可以译作"反观"（池见，2010）。

来观察一下人的实际生活的样态吧。人在反省性的反思之前就在行动了，而状况随之展开下去。例如在驾车的时候，前面变成红灯了。究竟以多少公斤的压力踩刹车才好呢？运行状况是：车重1，560公斤、道路向下倾斜5度、车速46公里/小时、变速4档、路面潮湿。我们不会一一考虑、计算这些变数吧。也就是说，我们是"前反省（pre-reflexive）"性地在踩刹车。日常的行动几乎都是前反省性的行为。但是一旦觉察到接近信号灯而车子并没有像想象的那样减速的时候，猛地一下，前反省性地用力踩刹车。然后，当车子停下来**之后**，我们才开始反观为什么车子没能像平时一样减速呢？即变成反省性的了。这是刹车油的问题吗？刹车片磨损了吗？车速比预想的要快吗？还是因为平时总是一个人，今天车里竟有五个人……这些"反省意识"呈现出来。像这样，我们是前反省地推进生命，**然后**再来反省地反观，即反观过去。而且反观之前的、反省以前的生命总是和情境、世界、语言、历史和宇宙一起前行着。池见（Ikemi，2014a）以海龟在月

---

*这里的日语原文是"振り返って観る"，译为"反观"。——译者注

满之夜产卵,海龟的〈身体〉与满月、潮位的自然界同在为例,提出了宇宙万物同在的"combodying(共同身体过程)"的身体性概念。

这里使用的"反省性"的英语是〈reflective(reflexive)〉,英语中把关于情境的反省叫做〈reflect upon a situation〉。这个词语和上述逐字记录的解说中看到的听者的应答"反射"出自同一个语源。也就是说,"反射"的应答是促进说者的反省(反观)的。

回到逐字记录来看一下。

L01:也不是说结束了。[反射]
S02:不～结束了吗?嗯～嗯,结束了……还不如说,有不想结束的感觉……

在这里听者(L)的反射性应答是"也不是说结束了",由此,正如说者所说"不～结束了吗?嗯～嗯,结束了……还不如说,有不想结束的感觉……",进入了"反观"与"她"的状况的反省性意识。同样地,在上述逐字记录中 L 作反射的几乎所有场面,S 都进入了反省性意识,〈reflect upon〉(反观)与"她"的情境。倾听也被叫做〈反射性倾听〉(reflective listening),这是因为倾听的其中一个侧面是促进说者反省。

2.2 镜映机能(反射性意识)

让我们回到上述逐字记录中"反射"的应答来看一下。从记录中可以看到,听者(L)"镜映"应答了说者(S)〈感觉〉到的东西和说者思考的过程。因此,这个应答在日语中被译为"感受的反射"或者"复述"。但是,如上所示,英语的〈to reflect upon……〉有"反观……"的意味。而且还有把镜子等的"反映、返照(to reflect)"说成名词形〈reflection〉(反射)的。所以在这个倾听的应答名称中包含着双重的意味。"感受的反射"的译语"反射"的部分的确表达了双重意味中的一个。但是因为罗杰斯没有明确"感受是什么",所以前半"感受的"是对什么应答不清楚。确实,在20世纪40年代罗杰斯曾经以〈reflection of feeling〉(Rogers,1942)表达过这个应答,所以"感受的反射"是正确的译法。但是同时罗杰斯也把这个应答表达为〈reflection of attitudes(态度的反射)〉(Rogers,1942),所以什么是感受、什么是态度是不明确的。也就是说,例如以下的发言,是表达着来访者的感受吗?是表达着来访者的态度吗?如果不是这些的话,究竟是什么呢?应该用反射的应答吗?会产生这些疑问。

> S02:不~,结束了吗?嗯~嗯,结束了……还不如说,有不想结束的感觉……

在本书中,明确区别了"感受"和体会或直接指示。体会提示着包括思考过程等(第2章、第3章),所以"感受的反射"更多地使用着"反射"这个用语。

其次,"复述"这个译语没有包含"reflection"的像镜子一样"反映、镜映"的意味。因此,本书用反射*这个术语代替"感受的反射/态度的反射"以及"复述"。

"反射"中包含的"镜映"和"反观"的双重意味在体验上是如何成立的呢?看一下"照镜子"的体验就明白这个体验所具有的两个侧面了。

镜子映出自己的姿态。一看到在镜子中映照的自己,就反射出自己的生,反身性意识开始发动。举例来说,一个早上,洗脸的时候在镜子中照见自己脸上出现了一粒痘。"啊,痘",开始关注这个问题了。于是,在这个瞬间开始反观生活的各种各样的场面。营养平衡偏了?回忆"昨天,前天,吃

---

*这里原文为"リフレクション(reflection)",中文译为"反射"。——译者注

了什么呀？"洗脸的次数不够？再次回忆"昨天，洗了几次？"免疫力低下？"睡眠不足吗？昨天，前天，睡了几个小时呀？"像这样，镜子里反射出的一粒痘促成了反观自己最近的生活方式。

人自古就使用镜子，看到镜子中映出的自己就回顾自己，这种特性不是在人的意识中的吗？在动物中使用镜子的只有人类，所以这也许是人的意识的特性。人看到自己的样子就会反省自己的生活方式，池见（Ikemi, 2011）提出了人有独特的"反射性意识的样式"的假说。

在倾听中进行反射时常被解说为"是为了传递共感"。在第5章第3节将指出这种说法的问题点。正确的应该是理解反射所包含的双重意味以及促进"看到被反射、被镜映的自己，反观自己的生活样态"的作用。

2.3 反身性

在哲学家简德林那里，反射还要再加上一个意味。即被叫做反身性（reflexivity）的体验，或者人的意识的特征。而且这可以说是简德林哲学特征的一个侧面（三村，2011）。reflexivity的用语也以〈reflexive〉为基础，后缀〈-vity〉指的是其性质或能力。也可以试着译为"反身力*"吧。也就是说，人的体验中有"反身力"这样的东西。让我们更严密地来看一下。

来看一下这个句子，"我是喜欢猫的……不，其实还是只喜欢狗唉"。刚主张"我是喜欢猫的"，立刻这个主张就回到（再归、反身）自己身上来了。然后在"……"期间这个主张被回味，要说"喜欢""还是只喜欢狗唉"，这样"喜欢"被修正了。就像这样，任何发言都是反身回来，被更加精密化、变化了。反身性是人的意识的特征。举来访者的发言为例，"我是内向性的，似乎……是腼腆的人……"可以看到，这里的"……"以后，内向性的语言反身过来，发言变化了。来访者说的任何话都是说了之后反身，被精密化，

---

*原文为"反省力"。因为中国国内一般把reflexivity译为"反身"，所以此处中译为"反身力"。原文的"再归"也译为"反身"。——译者注

变成和最初不同的东西。这不是弗洛伊德理论中的防御机制的作用，而是体验原本具备的性质。

简德林认为通过说话、允许原来以为真实的主张被颠覆的探究真实的方法在哲学史上只有三个，即柏拉图和苏格拉底的对话、黑格尔的辩证法、狄尔泰的诠释学（Gendlin，1997）。当然，第四个是简德林的哲学。简德林的反身性的思考方法比池见（Ikemi，2011）的"反射性意识"更加基本，它表述了即便自己的姿态没有被镜映，但是说些什么的行为也可以起到镜子的作用。可以说在倾听中，通过听者反射性应答的镜子，以及体验自身的反身性，即体验内在镜子的作用，说者的任何发言都被两面镜子双重地镜映着。

L03：啊～似乎，有孤单的感觉。[应答：反射]

S04：嗯～孤单，也有孤单吧。不过，感觉不仅如此，那里好像还有什么。

L04：孤单确实有，但是不仅如此，还有什么。[反射]

在这个部分中L03是镜映S02的反射，由此促进了说者"反观"状况（反射：反省性意识）。然后，说者在自己说"孤单"这个话的瞬间再反身过来，来发现"感觉不仅如此，那里好像还有什么"。在倾听中可以看到像上面所说的反身性和镜映的"双重反射"。而且，在从"孤单"向"不仅如此"移动的瞬间，说者自身说的"孤单"的话反身到自身，从这个话里生起又灭去的"不仅如此"变得明朗（明在化）起来。L04追着这个应答道："孤单确实有，但是不仅如此，还有什么"。所以在这个意义上也可以说，在倾听中，有着说者由自身反身的"镜子"和听者应答的"镜子"的"双重镜映作用"。

2.4 纳西索斯和艾蔻的神话

我们从倾听的语境上再来探讨一下希腊神话之一的纳西索斯（Narkissos）神话。众所周知，精神分析创始人弗洛伊德用纳西索斯神话来解释"自恋"，并新造了"narcissism"的用语。大家都知道这个故事，主人公纳西索斯因为自己映在水池中的姿态太美了，结果爱上了自己的样子，在池边一动不动变成了水仙花。事实上，英语中水仙就叫做 narcissus，这是希腊语 Narkissos 的英语读法。弗洛伊德在古罗马诗人奥维德（Ovid）的作品中读到了纳西索斯神话并做了研究（Freud，1910/1957）。

池见（Ikemi，2011）也读了奥维德同样的作品（Ovid，2004），对这个神话做了新的解释。池见认为这个神话不仅表示"自恋"，更多的是表示"了解真正的自己"和"相遇"。这比精神分析更加契合人本主义心理学的主题，可以作为倾听（心理咨询/心理治疗）的参考。这个神话原本不是纳西索斯一个人，登场的是纳西索斯和艾蔻（Echo）两个人。奥维德的作品是以"纳西索斯和艾蔻"为题的。我们来看一下这个故事。

纳西索斯的母亲莉莉奥佩为了要占有刚出生的纳西索斯的将来，访问了有预知能力的特拉西乌斯。特拉西乌斯对纳西索斯做了以下的预言："这个孩子只要不了解自己就能长寿"。在这里可以读到这个神话的主题了，也就是说，这是"了解自己"的主题。可以说，倾听也好，许多不同的心理治疗论也好，总的归纳起来都被规定着同样的命题。这个命题就是"如何才能了解自己？"

具有无与伦比俊美容姿的纳西索斯不知道自己的样子，不能理解为什么不论男女都靠近来和自己搭话，他开始对与人交往感到厌烦甚至感到恐惧，一个人逃进了森林里。但是他俊美的容姿被拥有无与伦比的美妙声音的妖精艾蔻看到了。艾蔻爱上了纳西索斯。

艾蔻也是被厄运附身的妖精。众神中最强大的宙斯命艾蔻去做宙斯妻

子赫拉的谈话伴侣。为什么宙斯要为妻子赫拉找谈话伴侣呢？是因为宙斯喜欢女人，在他瞒着妻子出去和女人们玩的期间，为了不让妻子因无聊而起疑心。艾蔻没有自信能让赫拉开心，宙斯就对艾蔻说"如果你复述我妻子句子的最后部分，我妻子就会永远说下去"。这正是倾听的反射（不过比较笨拙）。

但是，有一天宙斯的外遇被妻子知道了，艾蔻的工作是为了宙斯的外遇不被发现也真相大白。愤怒的赫拉使艾蔻从此再也发不出美妙的声音。艾蔻从此说不出自己想说的话，只能复述别人发言的最后部分了。

"是谁在那里？"在森林中的纳西索斯感觉到了艾蔻的气息说，"到这里来，在一起吧"。

"在一起吧"，只会复述别人发言最后部分艾蔻答道。然后，她高兴地突然从林子里出现，用自己的手臂挽住纳西索斯的身体。

感觉到恐惧的纳西索斯叫了起来。"放手！等我死后再来享受这个身体"。

"享受身体"。

(Ovid，2004，3:385–386，意译)

艾蔻不仅耻于被纳西索斯拒绝，还耻于只会说这么淫荡的话。艾蔻陷入了深深的悲哀。她不停地哭泣，直到她的身体全都融化成了眼泪。结果到现在森林里还留着回声（Echo 的意思是回声）。

纳西索斯在森林里发现了池塘，在那里看到了池塘中映出的自己俊美的容姿。从这个时候开始，他觉察到了自己的容姿是多么俊美，也知道了那么多人过来和他说话的原因。在这里他"了解了自己"。

"我一微笑，你也微笑

我一流泪，你也流泪

我一点头，你也点头

我说话的时候可以看到这美丽的嘴唇在动

但是，我**听不到**你的声音！

我现在了解你了，于是，我了解自己了"

（Ovid，2004，3:160–461 意译。粗体字为原作）

后来纳西索斯绝望了。奥维德没有写，但在别的版本中纳西索斯在这里自杀了，身体变成了水仙花，永远在池塘开着。

像这样，这个神话成了被限定理解为"自恋"的主题。其实这里有着更广的主题，甚至也可以理解为是倾听的解说。也就是说，为了了解自己，需要反射（镜映）。不过，仅仅是反射并不能与他人相遇。纳西索斯哀叹"我**听不到**你的声音！"要是艾蔻能够自由地述说自己的心情的话会是什么样的结果呢？我们也可以这样来解读这个神话教给我们的东西。为了了解自己，需要反射，需要与诚实地传达感觉到的东西的人相遇。那么这个诚实的声音是什么样的呢？我们在下一节"追体验"来探讨一下。

3. 追体验

3.1 追体验与交叉

哲学家狄尔泰（第3章）重视用于理解他人的"追体验"。而受到狄尔泰影响的哲学家/心理治疗家简德林又把追体验融入了自身的哲学中。不过，像卡尔·罗杰斯等英语圈的心理治疗家们几乎都没有论及过追体验。"追体验（德语：Nacherleben）"译为英语就变成了与"再体验（re-experiencing）"相同的东西了，也许传递不了正确的意思。

在"追体验"他人的体验的时候，理解是如何产生的呢？读了下面的"故事"后，我们来看一下读者是如何理解的。

> 梅雨过后的一天，我顶着正午的太阳，穿着西服在沙滩上走着。沙子进入了我的鞋子，我感觉很难走。风一吹沙子毫不留情地打在我的衣服上。从远一些的海边听到孩子们嬉戏的声音。我仍然一个劲地笔直往前走。我口渴了，我往四周看。在稍远的前方有条路，那里有自动售饮料机。我想，那太远了。然后，我停了下来开始思考。

那么，读者是如何理解这个"故事"的呢？大概在读者内在已经浮现起视觉意象了吧。这种视觉意象的浮现可以说是"明白"或者"理解"吧。因为如果这个故事是用阿拉伯语说的话，大部分读者就不会浮现意象，就会"不明白"即"不能理解"了。把这样的"理解"方式叫做"追体验"比"共感"更准确。

在读者的追体验中发生了什么样的事情呢？读者是在体验说者没有以明在的（explicit）语言说的暗在的侧面吧。其实这我在小团体中试过，一问参加者，参加者们就说了原来说者没有明在地说过的许多暗在的侧面。如"听到波浪的声音""听到海鸟的声音"（听觉意象）；"脸上汗涔涔的沾着沙子好讨厌""鞋子里进了沙子，脚底刷拉刷拉的"（触觉意象）；"闻到海潮的腥味"（嗅觉意象）；"看到孩子们在玩沙滩球，他们的父母们在一边看""自动售饮料机是红色的，是可口可乐的售饮料机"（视觉意象）等。听到这些，说者的体验不断地丰富起来，原来说的话中没有的波浪的声音和在玩沙滩球的孩子们的身影等现在也在说的过程中被体验到了。

故事变得丰富起来是因为参加者们说了参加者们的追体验，说者的体验因此和参加者的追体验重合起来了的缘故。这种"重合"被简德林称为"交叉（crossing）"。不过，"交叉"不仅是体验和追体验的交叉，某种意味和别的意味的重合也是交叉。这一点在第3章第2节和第6章第6节有解说。

在这里关于倾听的实践及其理论有两个重要的观察。其一是，听者（治疗师/心理咨询师）往往被教育成不要表达自己的体验，而是一味地倾听说者的体验。没有人告诉他们体验交叉的作用。卡尔·罗杰斯虽然没有交叉的概念，但是在以自己"尝试理解（testing understandings）"进行着应答（Rogers，1986）。他后来使用"临在（presence）"这个术语来解说向说者传达听者直感性地浮现出来的东西（Rogers，1980；Ikemi，2013）。其二是，斯密特和莫恩斯（Schmid & Mearns，2006）论述了听者通过向说者传达感觉到的"个人的感应（personal resonance）"来形成说者和听者的对话关系。也就是说，听者不单要用"反射"镜映出说者的样态，而且还要一边追体验说者的体验一边听。而且，有时候要通过向说者传达这个追体验来进行听者和说者的交叉。

S09：唉，是刺吗？嗯~是什么呢？反正在胸口有针扎似的痛的感觉。是很小的刺，但是扎得慌。

L09：我听上去的感觉，说不定，你……似乎在责备自己……是不是这个自责呢，听上去好像这个变成了刺，刺在你的胸口……[听者的应答是从听者的追体验来的。]

S10：啊啊，的确，是这样的（笑）。在责备自己唉。做得不够好，或者说，帮上忙了吗？

L10：帮上忙了吗？[反射]

作为具体的例子，上述L09中，听者传达了追体验。然后，受到这个

刺激，在S10形成了新的明在的侧面。听者立刻将此做了反射回给了说者（L10），镜映了说者自己的想法，促进了说者思考的过程。

3.2 被推进了的过去

说者的体验和听者的追体验相重合，体验变得丰富，新的体验展开了。必须强调，这个展开是"新的"体验。因为一般人都有强烈的倾向把体验都归因于过去。我们回到刚才的故事的例子来说明这个倾向。"波浪的声音""海鸟的声音"等一般往往会被认为已经是在说者的潜意识中存在着了。但是，参加者们表述的东西已经在潜意识中了的主张实际上是不可能的，因为假如如此的活，则"波浪的声音""海鸟的声音""沙滩球""可口可乐的售饮料机""海潮的腥味"等没有在明在的故事中包含的所有的内容必须先于故事、事先在潜意识中存在。而这涉及到无穷大的量，所有可能的内容在说之前已经被体验是不可能的。而且，从无穷大量的数据中选择性地允许某种内容上升到意识，其他都由过去的什么原因被防御，这种见解是牵强的。为什么"波浪的声音"必须被防御呢？为什么"可口可乐的售饮料机"必须被防御呢？又为什么参加者们在述说的时候防御的机能一下子被解除了呢？这些都不可能得到说明。

也就是说，体验和追体验交叉、丰富起来并展开下去的是新的故事。这既不是过去体验的再现，也不是藏在潜意识中的过去的记忆，这是当下创造出来的新故事。心理治疗上也是同样。来访者在和心理治疗师（治疗师/咨询师）之间体验到的是新的故事。我们回到逐字记录来看一下。

> S12：啊，现在，想起来了。我接受她的相谈、听她述说，在职场有人认为这不太好。唉，认为不好，是我的推测。总之，那个人还是……认为不太好吧。然后，我开始在意那个人的视线了。啊啊，现在开始在意这个人了……在意了……已经换了工作、没

有关系了，怎么……（笑）不，不过在什么地方，一直在意着。啊，现在觉察到了。

在 S12 "一直在意着（那个人的视线）"是现在觉察到的新的故事。"一直在意着"的不是在潜意识中冬眠着的东西。"一直在意着"的是现在创造出来的故事。事实上，在说 S01 的时间点连那个人都没在话里出现，也就是说，在那个时间点是不可能"在意着"的。

像这样，当觉察到什么的时候，新的故事被创造，通过这个故事去回顾（反省）过去，过去是以新的视角被看到了。当体验被"推进（carry forward）"、前行的时候，过去就变化了。哲学家简德林（Gendlin, 1997）称此为〈carried forward was〉（"被推进了的过去"）。而且，在简德林的文献中，这个观点频繁出现，"只能由回溯说明"（Gendlin, 1996）或者"反过来解读"（Gendlin, 1986）等，在许多文献中都可以看到这样的表达。

心理治疗中"我一直不原谅哥哥""我一直很害怕""这个真相令我不安了"这类的在觉察瞬间的发言有其特征，即用过去式"一直～了"来表说。这意味着在这个瞬间过去被重新认识了。每次产生人生的新的理解的时候，过去都被重新认识。

4. 心理临床诸概念的更新换代

我们把上述关于反射和追体验的解说应用于心理临床诸概念的更新换代上来看一下。

（1）时间

在人的主观世界里，时间并不是像在一条直线（"线性"）上按照过

去－现在－未来的顺序排列的。人的主观世界总是为了存在于现在·未来、活在现在·未来而回顾过去。是在探讨"今天晚上，要吃什么呢？"的现在·未来（因为是在现在展望"今晚"的未来，所以用"现在·未来"表达）的活法中回顾"昨天吃了什么了？"的过去。

同样，人的活法总是从现在展望将来，这并不由过去的"原因"所决定。相反，过去的原因是现在新创造出来的故事。但是人不能什么都强求是好故事、好体验。人必须表达在〈身体〉上感觉到的体验，即便例如身体感觉到的东西关联到过去的创伤，这个创伤体验也朝向新的生活。在与心理治疗师的安全关系中所谓再生的创伤是创伤新的推进的样态。所以，在心理治疗中遭遇的过去不是单纯的"再体验"，而是通过再体验过去活向前的新样态。

（2）认同

人的体验不是过去的产物。人的体验由过去的要因"形成"，这种想法是在把人的体验作为像工业制品一样的比喻上成立的。弗洛伊德明确把人的精神表达为"心的装置（psychic apparatus）"。心理临床学上经常论及的"认同（identity）"也是如此。认同指"自己是谁"的感觉。认同在心理临床上一直被认为是由过去的要因"形成"的，但是从本章的视角可以有另外的看法。

"我是谁"总是与未来的对话。描绘将来想成为棒球选手、每天苦练棒球的人是"有清晰的作为棒球选手的认同"的。反过来，看不到将来如何活下去的人也看不到自己是什么人，而且会体验到"认同的弥散（identity diffusion）"、"认同的危机（identity crises）"。认同不是由过去的要因形成，认同是人向着未来的活法。

（3）潜意识

从弗洛伊德时代起，把应该有、实际却不在的感情等都归于潜意识的作用。这个"不在"受到关注是因为潜意识是不能意识的，潜意识是直接体验不到的。像"以前没感到害怕是因为害怕被潜意识压抑了"这样，"害怕"的**不在**被认为是潜意识的作用。

但是，"害怕被压抑到潜意识中去了"也是新的故事。在这个故事中，为了说明"以前没感到害怕……"用上了"潜意识"的概念。这不是在表达潜意识的实体。也就是说，在这个场合，"潜意识"不是实体而是一个用来说明的概念，是在用"潜意识概念"说明"以前没感到害怕"。在以前心理临床学一般的思路上，潜意识被理解成"意识的层"。但是本书更新换代的理论把"意识的层"理解为是一个比喻，潜意识不是层而是一个用来说明的概念。

5. 本章的小结

心理治疗师在倾听说话的时候发生了什么？本章从简德林哲学的视角更新了倾听，从理论上解说了倾听的两个基本的互动方法。其中一个是反射，镜映、返照说者的体验，促进说者反观自身的人生状况。还有一个是通过传达听者的追体验，促进更加丰富地理解两个人之间相互的主观性体验。在这两个作用中，过去被修正，新的故事被创造出来。这里包含着与之前的心理临床学理论大相径庭的主张，也提示了关于心理临床几个基础概念的更新换代性的见解。

第5章　倾听的更新换代与聚焦

本章要作为具体的方法来解说被称为"倾听（listening）""积极的倾听（active listening）""体验过程的倾听（experiential listening）""反射性倾听（reflective listening）"等治疗师和心理咨询师实际的"倾听法"。如上一章所述，倾听是从卡尔·罗杰斯开始的。但是罗杰斯自身却没有对倾听的实际说多少，相反是对赋予倾听特征的"态度"进行了研究。被叫做心理治疗的"核心条件（core conditions）"的这样的"态度"以及关于罗杰斯自身对此的更新将放在第3节解说。在此之前，为了提示更新换代了的倾听的实际，在第1节要解说简德林的倾听指南，在第2节要解说简德林的"简易聚焦法"。

简德林在他的著作《聚焦》（*Focusing*，Gendlin，1981/2007 rev. ed.）中公开了他的"倾听指南"。这本著作是以实用简装版的形式由美国大型简装书出版社 Bantam 发行的。因此这本著作没有解说倾听背后的简德林哲学。本书在前一章解说了简德林哲学的一角。本章要介绍简德林的"倾听指南"的实际方法，接着要详细解说简德林所称的"聚焦"方法的实际（第2节）。这两个方法不是各自分开的东西。也就是说，如果把人感触到〈感觉〉并从中发现意味的过程叫做"聚焦"的话，那么〈聚焦的过程〉就是在倾听中展开，而且倾听必须在这样的展开中进行。这是第1节解说的内容。在这里要把这个内容叫做"倾听中的聚焦"。但是，人感触到〈感觉〉并从中发现意味，这种创造性的、贵重的体验过程并不限定于倾听的场面。把这个过程即〈聚焦的过程〉提炼出来作为"教学法"也就是作为程序的教学方法就是第2节的"聚焦"。可以把此称作"作为教学法的聚焦"。第3节要来解说经常被看作倾听的理论基础的卡尔·罗杰斯的"人格变化的充分必要条件"及其更新换代。

1. 倾听中的聚焦：简德林的"倾听指南"

简德林在他的著作《聚焦》中解说了"倾听指南"。后被翻译成日语，由福村出版社出版了《聚焦》（1982）。但是，其英文的原著在2007年有了修订版，因此本书在解说中使用的是其2007年的修订版。另外，解说中使用的译文基本上是笔者自己的，但"倾听指南"的标题仍使用1982年的译本。

在简德林的解说中没有提到罗杰斯所重视的听者的态度。简德林没有提到态度而只是假设"这样的时候，怎么应答呢？"等的实践来进行详细解说。这令人印象深刻。罗杰斯、简德林都把重点放在"理解"说者上，而且他们都把人感觉到"被理解了"是多么重要这一点作为前提，因为人说话，但是这个人的真正的意思被理解在这个世上太少了。

简德林的"倾听指南"中列举了下面四个援助策略。而且是要第一个援助策略熟习了之后再开始运用后面的援助策略。因此可以说，第二个援助策略以后的策略是补充第一个援助策略的，或者是第一个援助策略的运用。

[1] 援助正在说话中的说者内在发生〈聚焦过程〉的策略

[2] 援助听者利用自己对说者的心情或反应的策略

[3] 援助互动的策略

[4] 援助小团体互动的策略

[1] 援助正在说话中的说者内在发生〈聚焦过程〉的策略

这里介绍两个应答的方法，即"绝对倾听"（在本书中有时候会标记为策略 [1-1]）和"引导体会的应答方法"（策略 [1-2]）。

[1-1] 绝对倾听

听者在绝对倾听中把说者说话的要点按听者的理解依顺序复述（say back）下去。

我们用虚构的例文来解说一下。这经常被误解为在倾听中复述说者"说过的话"。但是在简德林的解说中是"**按听者的理解**"。理解是重要的。没有充分的理解，只是把说者说过的话像录音装置那样地"鹦鹉学舌"，这不能说是诚实的关系。所以，在没有理解的地方，必须表明"不明白""请再多说一些""到○○为止是明白了，但是后面开始不明白了"等。

【例】

说者 1：最近，压力很大……

听者 1：压力吗？是什么压力呢？还不太明白，能不能请再多说一点？

在绝对倾听中，听者说的集中于下面两点：一点是表示理解了的东西，还有一点是请求再说一遍没能理解的东西。上述的例子就是听者在要求说者再说一点自己不能理解的"压力"一词的意味。

在表示理解了的时候，要"依顺序复述（say back）说者的要点"。重要的是明确说者暗中作为前提的东西以及想法的顺序。

【例】

说者 2：儿子早上不起床，不去上学。我是心急火燎。于是我就不由地

想吃东西，面包呀，糕点呀，吃得嘎吱嘎吱，结果胖了……

听者2：因为儿子早上不起床，不去上学，所以心急火燎。于是开始心急火燎起来，就不由得想吃东西。所以面包和糕点吃起来不停，所以胖起来了。

说者3：也许不是因为儿子不去上学才心急火燎的。学校怎么都没关系，只是，不知怎么的，看到儿子就心急火燎。

听者3：一看到儿子就心急火燎。而且实际上还不明白这是怎么回事。

就像在第4章解说的，听者的2和3的应答被叫做"反射"。我们在第4章说到，反射具有"双重镜映"般的作用。首先，在反身性的镜子中体味反身回来的自己的话，然后说者在听者的第二面镜子中进一步确认听者的话中镜映出的自己的姿态，回顾自己的状况。在这个过程中，说者3修正了发言，故事有了新的展开。在上述的例子中，听者在"依顺序"复述着要点，但是说者在发言3修正了最初的前提（儿子不去上学，所以心急火燎），推进到了重新思考这个问题的地方。

听者为了理解说者而练习反射性应答，开始的时候复述说者使用的原话效果会比较好。人在听对方说话的时候，往往会被自己关于说话内容的意见、联想、反应而分心，不能正确地理解听者。所以即便是在防止这种情况发生的意义上也是使用说者的原话为好。而且，使用说者的原话可以使说者对自己实际体验着的东西有更正确的理解。

【例】

说者4：儿子的态度粗暴，还不如说，是傲慢。有时候真想要对他大叫。真想要把他散乱在乱七八糟房间的桌上没用的东西全部都给他搞得一塌糊涂。当然是不会做那样的事情的。绝对地、绝对地、在家人在的地方……

> 听者 4：你感觉到儿子的态度傲慢，真想要对他大叫。真想要把他桌上搞得一塌糊涂。但是在家人在的地方……这是绝对地、绝对地、不做的。

一旦能够正确地理解说者感觉到的东西，下面就可以进行反射性应答，即表达说者没有表达完的东西。这个时候的语言必然会和说者的语言不同。

【例】

> 说者 4：儿子的态度粗暴，还不如说，是傲慢。有时候真想要对它大叫。真想要把他散乱在乱七八糟房间的桌上没用的东西全部都给他搞得一塌糊涂。当然是不会做那样的事情的。绝对地、绝对地、在家人在的地方……
>
> 听者 4#：你感觉到儿子傲慢，你想要爆发，但是在忍耐。

听者 4# 的反射，没有使用与说者 4 相同的语言。应答是明确说者 4 发言中暗含意味 [暗在性的意味：第 2 章 implicit meaning，或者"感觉到的意味（felt meaning）"，或者"个人的意味（personal meaning）"] 的应答。简德林不论在哲学、心理治疗论、以及把体验所包含的暗在侧面作为中心来处理的思考方面，都把表达听者感觉到的说者体验的暗在侧面作为重点。

如何才能正确地感受说者发言中包含的体验的暗在侧面呢？为此第 4 章解说的"追体验"是不可或缺的。

> 听者 4#：你感觉到儿子傲慢，你想要爆发，但是在忍耐。

为要做这个应答，听者追体验作为视觉意象的"儿子"的"乱七八糟房间"和"桌上没用的东西"，追体验"全部都给他搞得一塌糊涂"时发生的声音，连搞得一塌糊涂的身体感觉和动作也瞬时追体验，从而找到了对这种身体感觉"想要爆发"的表达。另外，也追体验了"绝对地、绝对地、在家人在的地方……"，从被反复强调的"绝对地"的语言的口气找到了"忍耐"的表达。就如在第 4 章解说的那样，这个时候说者的体验和听者的体验是交叉着的，而且，"想要爆发，但是在忍耐"的新的理解在这里成立起来了。当然，这个理解会被说者下一个发言瞬时更新，展开进一步前行的理解。

就如本章第 3 节解说的，卡尔·罗杰斯在晚年更新了"共感性理解"（Rogers，1975；1980）。在其中罗杰斯引用了简德林"倾听指南"的"绝对倾听"来进行解说，"一旦概念性地把握共感，它就是纤细的东西，但是可以传达，让现代人完全明白它"。可以说，上述解说的"绝对倾听"对于罗杰斯来说就好似共感性理解的实践。

[1-2] 引导感觉体会的应答方法

在倾听中产生〈聚焦的过程〉不可或缺的是体会。正如本书第 2 章、第 3 章所讨论的，体会作为〈感觉〉被体验，而且是作为还未成为语言的、不可名状的感觉被体验。说者在一瞬间暂停说话，这个〈感觉〉究竟是什么呀？意味着什么呀？带着好奇感触这个感觉，等待新的语言/意味/概念浮现上来。正因为浮现上来的语言/意味/概念是新的，所以下一个发言中新的理解才成立，下一个发言才不会陷于前面发言的反复。这是〈聚焦的过程〉。听者在倾听时是把促进这个过程的生起放在心头的。

在绝对倾听中如果说者一边说一边进入〈聚焦的过程〉，那就没有必要列举以下的应答了。但是，即便进行了绝对倾听，如果说者始终在传达发生的事情或者卷在感情之中，那就有必要进行引导体会的应答。以下列举的是为了生起聚焦过程的几个应答，但是在简德林的解说中，他建议从"最小限度的（有指示性）"的应答开始。

第5章 倾听的更新换代与聚焦

听者4#：你感觉到儿子傲慢，你想要爆发，但是在忍耐。

说者5：是的，是的，是这样的。想要爆发，但是在忍耐。也许在生气。儿子真的讨人嫌，他几乎不和我说话。像今天早上……

听者5：请停一下好么。想要爆发，在忍耐，在生气，似乎是很复杂的感觉哎。在这里停一停，静下来感受一下这个复杂的感觉吧。这样做的话，有什么会浮现上来呢？

听者5打断了说者5的发言。好不容易感觉到了"想要爆发，在忍耐，在生气"的东西，但是说者自己却忽视了，说者要向今天早上儿子的样子的低体验水平（第3章）的样式移动，听者这是为了阻止说者这样做。而且听者要促使说者在关于那个内容的〈感觉〉即体会的地方停一下，等待看有什么会浮现。

听者5#：请停一下好么。想要爆发，在忍耐，在生气，似乎是很复杂的感觉哎。在这里停一停，静下来感受一下这个复杂的感觉，在它的旁边待一会儿吧。

听者5*：请停一下好么。想要爆发，在忍耐，在生气，似乎是很复杂的感觉哎。这个复杂的感觉在〈身体〉上是什么样的感受呢？关注一下胸部呀腹部，怎么样？不会是很爽的吧……

一旦体会被感觉到了，有几个和体会互动的应答。这些应答是为了促进表达体会所包含的意味。请看一下下面的例句。

说者6：真的是复杂的感觉呢……（沉默10秒），胸口像是被收得很紧（沉默5秒）……硬的东西……（沉默5秒）好像硬块就在胸口中间（沉默15秒）……

听者6：在这个硬块的旁边待一会儿，来感觉一下它。如果有什么浮现出来，请告诉我。

听者6#：这个胸口的硬块如果在向你传达什么，它会说什么呢？

听者6*：这个胸口的硬块究竟是什么呢？

听者6※：我复述你的话，那里会有什么浮现出来呀？请安静地感觉一下。"胸口的硬块……胸部的硬块……"

听者6+：我们来成为这个硬块吧。就好比我们已经是那个硬块，在这里了。是怎么个在法呀？然后，那样的话，有什么浮现出来了呢？

听者6†：稍微离开胸口的硬块一点吧。在可以安心的距离来审视那个硬块。有什么浮现出来了呢？

听者6″：胸口的硬块是谜面，儿子是谜目，谜底是……？

如上述示例所示，促进和体会互动的应答有很多。只要是叩问体会、促进表达体会意味的叩问都可以。听者6#、6* 是本章第2节要解说的"作为教学法的聚焦"出现的标准的叩问形式。6+ 在简德林第二个援助策略"听者利用自己对说者的心情或反应"中已经解说了，在援助策略 [1-2] 中使用比较自然。在介绍这种应答的文中简德林加了"切换（交替）角色的应答是弗里茨·皮尔斯开发的"的注释。弗里茨·皮尔斯（Fritz Perls，1893 – 1970）是"格式塔疗法"的开创者，和卡尔·罗杰斯同样是人性心理学的先驱者之一。简德林不是在倾听中推荐格式塔疗法，而是表示为了促进与体会的互动即便是从格式塔疗法来的应答也可以利用。

听者6† 的应答在简德林的"倾听指南"中没有解说，但是公开的逐字记录显示（Gendlin，1996）简德林在临床面询的场合使用过这样的应答。此外在著作《聚焦》中解说过这种应答多在要做〈整理空间〉的时候使用。因此，本书把这种应答归类在援助策略 [1-2] 中。还有，〈整理空间〉将在下一章详细解说。一般来说，应答6† 在比上例的场面更加恐怖、愤怒或紧

张等有强烈感情的场合更为有效。

像这样，为了与体会互动，可以利用各种各样的应答。听者6〃在简德林的解说中没有。是日本的"猜谜"。但是在猜谜时隐喻的构造与聚焦是同一的。这在本书第6章第6节有解说。

另外，这些应答每一个都使用了"硬块"或"胸口的硬块"与说者表达的相同的语言。一般来说，表达体会的语言（把手表达：第2节）是说者慎重体味了的表达，所以在应答中仍然使用原话。而且由于在应答中使用了原话，说者自身的身体对这个语言也有感应，说者会接收这个语言，修正这个语言，体验由此展开下去。

在倾听中，说者感触到了体会，然后新的理解由来访者自身表达，如果是这样的话，这就是在倾听中产生了〈聚焦的过程〉。

说者6：真的是复杂的感觉呢……（沉默10秒），胸口像是被收得很紧（沉默5秒）……硬的东西……（沉默5秒）好像硬块就在胸部中间（沉默15秒）……

听者6：在这个硬块的旁边呆一会儿，来感觉一下它。如果有什么浮现出来，请告诉我。

说者7：（沉默10秒）嗯~嗯，胸口中间还是，身体中间好像变成硬的、在结块的（沉默10秒）……孤单？……嗯，现在，忽然浮现出孤单来。是么……嗯~

听者7：孤单。

在这个例子中，说者感触到体会，表达出"孤单"的新的理解（语言/意味/概念），明显地产生了聚焦的过程。但是，在倾听中没有产生聚焦过程的场合，也可以使用[2]以后的援助策略。

而且，在进行了上述解说的援助策略[1-2]及援助策略[2]~[3]的应答之后,立刻要回到绝对倾听(援助策略 [1-1])以表示理解来访者的发言,必须要使得来访者感觉到被理解了。在上例中,听者6的应答归类为援助策略 [1-2],而在做了这个应答,在说者7表达了新的理解之后,听者7马上回到了绝对倾听,反射这个理解。

[2] 援助听者利用自己对说者的心情或反应的策略

当说者的话难以触及〈感觉〉即体会时,听者可以利用自己对说者的感觉或对说者的反应。在这个援助策略中,听者在应答中利用的"心情和反应"仅限定在关于说者的心情和反应。

说者5:是的,是的,是这样的。想要爆发,但是在忍耐。也许在生气。儿子真的讨人嫌,他几乎不和我说话。像今天早上……

听者5:请停一下好么。想要爆发,在忍耐,在生气,似乎是很复杂的感觉哎。在这里停一停,静下来感受一下这个复杂的感觉吧。这样做的话,有什么会浮现上来呢?

说者6♭:唉,嗯?嗯,儿子讨人嫌的脸浮现上来,早上,因为他让我叫他起床的,我刚去叫他起床,他一边叫喊"烦死了!""该死!",一边起来瞪着我。起来以后也不和我打照面,什么也不说。连一个招呼也没有。

听者6♭:和儿子打交道真不容易。听下来,我是这样的感觉,怎么样呢?

听者6♭#:听下来,和儿子打交道听上去你很害怕,怎么样呢?

听者6♭*:现在看到你紧抱着两臂的动作,我的感觉是你封闭了感情,怎么样呀?

听者6♭、6♭#是在应答中使用对于说者的感觉的例子。应答6♭*是参考了简德林在"倾听指南"中使用听者从某说者不停晃腿的动作和举止感

受到的东西所做的应答。

在简德林的解说中，记载了注意事项，即在做这样的应答的时候，听者必须要用询问的形式来提示听者感受到的或听者的反应。如果不那样做的话，应答就带上了断定性的语调。例如，听者6♭#的场合，"和儿子打交道听上去你很害怕"就成了断定。一旦被这样断定，说者就有可能会感到没有被正确地理解。而且以询问的形式提示〈感觉〉，目的不是"说中"说者感觉到的东西。相反，正是因为说者感觉到的东西与听者的体验稍微有些差别，说者自身才开始关注自己到底体验到了什么。

听者6♭#：听下来，和儿子打交道听上去你很害怕，怎么样呢？

说者7♭：不，不会是害怕。只是，什么呢……不知道怎么说……是什么呢……身体好像凝固起来的感觉。

在这个场合，接收到听者6♭#的应答，说者7♭关注朝向了在那里的其他感觉而不是害怕。而且开始感觉到了不能立刻成为语言的体会。在这个意义上，听者所用的"害怕"应答落空了才见了成效。

[3] 援助互动的策略

在前一项的"援助听者利用自己对说者的心情或反应的策略"中，听者在应答中利用的"心情或反应"仅限定在关于说者的心情和反应。但是在第三项的"援助互动的策略"中的应答是使用听者自身感受到的感觉。简德林对此的解说如下。

"在互动中明在地（explicitly）传达隐秘（covert）中发生的东西吧，而且也传达对于这个是如何感觉的。两者频繁地感觉到有什么发生，对此两者（暗中）都在想，对方要是没注意到就好了。"

来看一下示例。

说者 6♭：唉，嗯？嗯，儿子讨人嫌的脸浮现上来，早上，因为他让我叫他起床的，我刚去叫他起床，他一边叫喊"烦死了！""该死！"，一边起来瞪着我。起来以后也不和我打照面，什么也不说。连一个招呼也没有。

听者 6♭：和儿子打交道真不容易。听下来，我是这样的感觉，怎么样呢？

说者 7×：不容易么？怎么说呢？那孩子我是管不了了的感觉。不知道怎么办才好！是吧，怎么办好呢？

听者 7×：嗯～嗯，怎么办好，是么？

说者 8×：是，怎么办好？

听者 8×：嗯～嗯，你这样一说，我也为难了。为难的是我的心情，嗯嗯，好像是，感觉到你在依靠着我，是你在依赖着我的感觉，于是，这样一来，我就为难了。

在黯然中，说者开始依赖听者。这一点尽管两个人都觉察到了，但是可能的话都不想张扬出来。这是互动中的动态案例。明在性地表达这种感觉的互动（interaction）具有强大的力量，在这个例子中，说者就会不得不去面对依赖性的自己。

[4] 援助小团体互动的策略

在简德林写"倾听指南"的时期，卡尔·罗杰斯正以加利福尼亚为中心在世界各地实践会心团体。简德林自己也在芝加哥实践着称作"成长（changes）"的团体。可以说那是个对团体（团体治疗）关心高涨的时代。而且也可以读到简德林写"倾听指南"是准备为"成长"团体利用的。但是，在简德林的"倾听指南"第四个援助策略"援助小团体互动的策略"中，关于这样的团体几乎什么也没有写。反而是写了些如何应用"倾听指南"。其要点如下：

> 不论是什么样的小团体，都假定重要的是感觉到的东西适切地通过过程（处理）。但是，一般所说"感情的处理"被理解为相互说些厌恶的事情。这样做就离开了本来的体验过程。所谓适切地通过过程是指产生〈聚焦的过程〉。所以，在会议或各种小团体活动中，如果能是这里所解说的倾听的话，那将会在社会上产生出巨大的差异来。

以上简德林"倾听指南"的解说就完了，但是在这个指南中有许多具体的案例展示，内容非常丰富。另一方面，具体例子太多，读者容易沉浸"这样的时候～""那样的时候～"的设想中反而可能会疏漏四个援助策略的本题。不知道是不是这个缘故，关于这个可以说是罗杰斯倾听"更新换代版"的指南，在日本到现在为止都没有怎么被提起，笔者希望通过本书简德林的"倾听指南"能再次使其被关注。

2. 作为教学法的聚焦

2.1 关于"聚焦"

尤金·简德林假定在心理治疗中核心重要的是〈聚焦的过程〉即"体验过程"（第3章）。也就是在第2章所解说的，一旦欠缺了"感觉"的过程，心理治疗就很难成功。而且对简德林的假定，在第3章"EXP量表"的研究中简德林和他的共同研究者们进行了实证。事实上，在心理治疗中成功的来访者和不成功的来访者相比较，其体验过程水平从治疗开始就已经显著比较高[关于这一系列的研究成果，克莱茵等（Klein et al., 1986）进行了详细的总结]。

来访者如果能以高水平的体验过程方式说话，在倾听中就能自然地进入〈聚焦的过程〉。但是对于不能自然地进入〈聚焦的过程〉的来访者来说，需要引导他们进入体验过程。这一临床必要性是出台"作为教学法的聚焦"的背景。另一个背景，是在出台"作为教学法的聚焦"的20世纪60年代后半到70年代后半，与心理治疗和医院临床不同，当时存在着许多一般市民相互启发/自我启发的团体。简德林他们把这些团体称为"成长（changes）"，并运营着这样的团体。在这样的场合对于不知道倾听的参加者有必要提示"作为教学法的聚焦"。

一看简德林自身的心理治疗的逐字记录（Gendlin, 1996/日译, 1998）就知道他在面询中并不使用"作为教学法的聚焦"，只是有时候向来访者建议"作为教学法的聚焦"中的要点。而且意味深长的是他在逐字记录的注释中记载了"这是典型的聚焦教学"或者点评"这里是聚焦做过头了"。总之，在面询的场合，简德林是以"倾听中的聚焦"为基础的。从这一点上来看，在临床上"基础的聚焦"可以认为就是上节的"倾听中的聚焦"。简德林在在面向一般读者所写的著作《聚焦》（Gendlin, 1981, 2007）中解说了"作为教学法的聚焦"是其中的一部分。聚焦的过程不限于心理治疗和倾听，谁都可以从自己的体验里发现这个过程。所以才发表了面向一般大众的指南。不过，作为组合操作步骤的形式展示的"作为教学法的聚焦"在著作《聚焦》的附录D只有两页。在那里"作为教学法的聚焦"被标记为〈聚焦：简易法〉（*Focusing: Short Form*）。

因为"简易法"由通俗易懂的步骤构成，所以一般人就认为"只有简易法才是聚焦"。也许现在持这样见解的人占多数。的确，如果不是实际心理治疗的场合，在工作坊（研修会）等学习聚焦的时候，可以说"简易法"是适合的。这是因为参加这样的研修会的人是接受研修而不是接受持续的治疗面询。而且，在"简易法"中与体验过程相关的重点已经整理好了，理解这些重点对于倾听也是有助益的。例如，在简德林的面询记录（Gendlin，1996／日译，1998）中简德林对来访者应答说"离这个感觉稍微远一点来看一下吧"，这是促使来访者与体会保持距离。这是在运用"简易法"最开始出现的〈整理空间〉。简德林没有在"倾听指南"中解说过这种应答，在本书中将此归类在上一节援助策略[1-2]的应答分类中。像这样来理解"简易法"就可以期待倾听范围扩大的效果。在本节中要把"聚焦的简易法"作为"作为教学法的聚焦"来详细解说。

2.2 作为教学法的聚焦

（1）作为教学法的聚焦

"作为教学法的聚焦"有几个版本。国际聚焦协会（The Focusing Institute，根据地在美国的聚焦研究所）重视"多样性"，聚焦的指导者们开发了富有个性的教学法。而且，因进行聚焦指导的背景不同，教学法也有不同。例如，对儿童进行的教学与对成人的教学当然会不一样。此外，在战争地域指导聚焦与在医院临床指导教学也会不同。在许多的教学法中，在日本，安·韦泽·康奈尔（Cornell，1996，1999，2005）的操作指南广为所知。另外简德林自身解说的"聚焦简易法"（Gendlin，1981／日译，1982）也众所周知（池见，1995等）。本书根据简德林提示的"聚焦简易法"来解说"作为教学法的聚焦"。

（2）聚焦简易法

根据简德林（日译，1982）的"聚焦简易法"，由六个部分组成了表5-1。

进行聚焦的人（聚焦者，说者）按照这六个步骤的顺序推进。听者（倾听者）在各个步骤进行促进援助。当然，熟悉了聚焦简易法的人一个人也可以做聚焦。但是在最初建议两个人进行。

表5-1 聚焦简易法
Focusing Shot Form（Gendlin，1982/2007）

1. 整理空间 Clearing A Space
2. 体会 Felt Sense
3. 把手表达 Get A Handle
4. 感应把手表达 Resonate
5. 叩问 Ask
6. 接纳 Receive

对表5-1的各个部分的详细探讨放到后面，我们先从几个例子来看表5-1记载的各部分具体是如何推进的。这个例子是笔者在研究生院教学时和研究生们一起做成的。实际的逐字记录太长，而且说的顺序有颠倒的，也有脱轨的，所以首先用简单的例子来看一下。做聚焦的是二十几岁的女性弗洛林，援助的倾听者也是二十几岁的女性塔波。

塔波：那好，弗洛林，现在开始，对自己的〈身体〉，轻轻地打个招呼或者说句话看一下。你好呀！或者，怎么了？这样子的。

弗洛林：知道了。

塔波：〈身体〉上有什么感觉吗？

弗洛林：嗯，有。工作的事情。

塔波：来觉察一下身体在意工作的事情？

弗洛林：嗯。

塔波：工作的事情，身体上怎么感觉的？

弗洛林：唉？

塔波：那啊，比方说，胸部沉重感觉呀，抑郁不爽呀，轻飘飘呀，这样的。

弗洛林：啊，这样的是么。（沉默5秒）……感觉胸中像被猫抓似的。

塔波：那，这个像被猫抓似的感觉，放在什么地方才安稳？

弗洛林：嗯～嗯。放在什么地方？

塔波：像被猫抓似的感觉，在什么地方才舒服？

弗洛林：靠垫上。

塔波：这个靠垫，是在你知道的地方吗？

弗洛林：不知道的地方。

塔波：那，什么样的地方呢？

弗洛林：是在窗边的粉红色的靠垫，窗外可以看见海。

塔波：那好，就让这个被猫抓似的感觉在窗边粉红色的靠垫的地方舒服地待着吧。

弗洛林：嗯。

塔波：那，其他还有什么？回到〈身体〉看一下。

弗洛林：牵挂朋友的事情。

塔波：来觉察一下身体在意的朋友的事情？

弗洛林：嗯。

塔波：身体是怎样感觉朋友的事情的呢？

弗洛林：胸部心动的感觉。

塔波：这个感觉放在什么地方可以安稳？

弗洛林：说不定是在毛毯里边……

塔波：放在毛毯上吗？

弗洛林：不对。是包裹起来的感觉。

塔波：那，把心动的感觉包裹在毛毯里？

弗洛林：嗯。

塔波：用意象看一下，这里好吗？

弗洛林：嗯，这里就安稳了。

塔波：那好，回到〈身体〉看一下……其他有什么？

弗洛林：已经没有了。

【到这里为止是"整理空间"，详见①】

塔波：那么，现在出现的两个中，朝哪边走呢？哪边想要跳出来呢？

弗洛林：好像是工作的事情。

塔波：一想到工作的事情，什么感觉？像被猫抓似的感觉？

弗洛林：像被猫抓似的感觉么，嗯~有只到处乱抓的暹罗猫，被扎的感觉。

【到这里是"体会"，详见②】

塔波：被扎的感觉？

弗洛林：（点头）嗯~是的。

【到这里是"把手表达"以及"感应把手表达"，详见③、④】

塔波：被扎的感觉，向弗洛林传递着什么呢？

弗洛林：传递？

塔波：被扎的感觉，它需要什么？

【到这里是"叩问"，详见⑤】

弗洛林：有点离题了……暹罗猫有着孤单的表情。啊啊（笑出来）暹罗猫到处乱抓，是因为孤单了……（笑）照料得多一点就好了。

塔波：暹罗猫最初非常有攻击性，其实是孤单了。所以，照料得多一点就好了，慎重地记下这个想法？

弗洛林：慎重地记下。

【到这里是"接纳"，见⑥】

第5章　倾听的更新换代与聚焦

以下来详细地探讨这些部分。

① 整理空间

i 整理空间

"让我们来关注身体的内部。所谓内部就是喉咙、腹部一带，身体的正中。我们一边关注那里，一边问自己，最近好么？现在有什么感觉呢？或者，最近有什么牵挂的心事呀？如果有什么东西浮现上来，就一个一个地确认过去，只是对浮现上来的东西说一声，不去说明其中的内容，只是说一声"这是人际关系"或者"这是工作的事情"就可以了。好，我们来等待有什么牵挂或者身体感觉到的东西浮现吧。"

聚焦简易法是以倾听者这样的引导开始的。这被叫做"整理空间（Clearing A Space）"。〈感觉〉是被身体感受到的（第2章），所以首先要观察身体。并且要确认感觉到了什么。牵挂的事情或者身体的感觉（体会）浮现出来了，每一个都对倾听者说一下。然后一个一个地确认过去是些什么样的牵挂事或者身体感觉。

Clearing A Space 的意思是"收拾/整理"。为要在乱七八糟的桌上学习，首先要把桌上的笔记本呀书呀文具等桌上的各种各样的东西整理好，需要为教科书腾出放置的空间（Space）。如果不这样做的话，注意就会分散，不能集中。心理治疗面询也同样。在面对治疗师的时候，来访者把注意集中到"主题"之前会有各种各样的杂念，例如"啊，忘了给谁谁打电话了""急急忙忙赶来，心还在怦怦跳""牵挂着今天必须要写的日志"。所以，在进入聚焦之前，要整理一下内心，觉察到了"牵挂着打电话"，也觉察到了"心还怦怦跳"，还觉察到了"牵挂着日志"。然后再审视一下"还有没有其他牵挂的事情呢？"如此这般，先腾出"内心的空间"。

为了在内心腾出空间，有的时候光是觉察到各种"杂念"还不够。例如，只是觉察到急急忙忙赶来心还在怦怦跳，也许感觉就不错，但只是觉察到日志却放不下来，也许会掠过一阵阵与此相关的焦急的感觉。在这种场合，在意象上把"与日志相关的焦急的感觉""搁置"在什么地方就好了。例如，可以在意象上把与日志相关的焦急"放到饼干箱里"，搁在自家的搁板上。放在什么地方好呢？选择什么样的容器呢？我们可以玩各种意象来试一下。把担心的感觉放到夏威夷海边的冲浪板上，把不安放到在睡觉的小狗群的温暖的感觉中。把牵挂事及其感觉试着搁置到自然浮现出来的可以安心的场所。

在心理治疗尤其在聚焦中处理压倒性强度的感受是比较困难的。就如第2章所说，人感觉到的体会和感受是不一样的。例如，感觉到强烈的愤怒的时候，除了愤怒感觉不到其他暗在的东西。而聚焦重视的不是愤怒的强烈感受，而是暗含着的意味，如"在这个愤怒中包含着什么呢？""这个愤怒在传达着什么呢？"。所以，在临床面询中或者在聚焦中需要与强烈的感受"保持距离"。比如，"从这个愤怒退后一点来看""退到不会被这个愤怒卷入的地方，在冷静的地方来审视这个愤怒"等，需要在我们和这个愤怒之间有一个空间。就像在第2章我们看到的，在心理临床上重要的是体会，为了感觉到变成强烈感受的"影子"的体会，必须与感受保持距离。

池见（1995等）把这个部分译为"设置空间"，但这个译语未必在日本统一。最近，日本的聚焦实践者/研究者用原语"Clearing A Space（整理空间）"来表达。整理空间在日本频繁地被运用，有几位临床专家以此为基础开发了独自的方法。整理空间不仅在聚焦和心理面询的第一阶段被使用，有一种见解认为，通过给各种各样的心事"设置空间"使得内心伸展的空间复活，这本身就有疗愈作用。例如，增井（1995）认为，"烦恼"就是与心事拉不开距离。即便在职场有不开心的事，但是如果在回家的车里看着小说忘了不开心的事，那就不能说是"不开心"了。相反，在职场发生了不开心的事自己放不下,在回家途中、车里也感觉到不开心,回到家吃着晚饭也想起不开心的事,这是和不开心的事不能保持距离,产生了"烦恼"的现象。所以,在《心的整理学》(增井,2007)中,增井认为我们不是要一个一个地去倾听、应对所有的心事,而是保持距离、设置空间,这本身就是"心的疗愈"。增井从其与精神科疾病来访者的丰富的临床经验总结出了"心的整理学"。他展示了即使对于重症来访者整理空间也有其有效性。另一位德田(2009)给整理空间取名为"收纳意象法",展示了主要对于学生的有用性。"收纳意象法"也是不去细看各种各样的心事,而是把这些收纳起来保持距离,德田展示,这种做法本身就具有治疗效果。整理空间在临床上如此活跃地发展,这在背景上与日本"放下杂念"的佛教禅修是不是有共通之处呢?也许是这种方法比较容易融入日本的文化吧。

ii. 临床上的整理空间

整理空间在临床上是如何运用的呢?有许多的案例报告。这里来看一下池见(2015)报告的实际的初次面询。

> 一位二十五六岁的来访者长年接受着进食障碍(厌食症)的治疗,因治疗的成果体重恢复了,但是有几个以"不想活了"的想法为中心的精神性主诉,经由主治医生的介绍来访。第一次面询是以整理空间(Clearing A Space,以下简写为CAS)为中心进行的。听了一会儿她"不想活了"的想法后,治疗师建议来访者"今天是我们的第一次面询,那么让我们把各种各样的心事都摆到这张桌子上来吧。你说的不想活了放在这里(治疗师啪啪地拍着厚厚的病历本,特定了放置的地方),可以吗?"来访者望着厚厚的病历本一会儿,回答说"好的"。治疗师试着询问:"那么,别的还有什么?"来访者回答说:"在意别人的目光"。治疗师试着追体

验但是不顺利，于是就问："在意什么样的人的目光呢？"于是来访者说"在意同年龄同性的目光"。对于治疗师"怎么个在意？"的提问，来访者回答说"觉得自己的服装或者化妆是不是很差劲呀？"但是在治疗师的眼里来访者看上去穿着入时，化妆也好看，所以就应答"在意那些事情的人是对那些有兴趣，不是么？如果没有兴趣，就怎么都可以了"。来访者回答说"是的。我就是以这些活着的"。治疗师点着头说道"啊，这句活意味深长。既有想要活下去的心情，也有不想活的心情。来觉察两边都有吧。然后把想要活下去的心情放在这里（治疗师两手心作容器状在厚厚的病历本旁边放下）。可以吗？"来访者看了一会儿治疗师的两手的手心，"嗯"地点了下头。

"那么，其他还有什么在意的事情呢？"这样进展下去，接着就说到了家人的事情。把这个也搁置了以后，说到了"各种各样头脑考虑得太多了。这种时候就想死，让头脑休息"。"啊，这很可怕！想得太多，想要让头脑休息。这个有办法的。是冥想。来试一下？"于是治疗师指导了三分钟的呼吸冥想。告诉来访者，因为是第一次做冥想，如果中途有杂念浮现上来希望能说出来。冥想开始一分钟左右来访者说"有杂念浮现了"，治疗师一问内容，来访者说"做这样的事情也没用，这个念头浮现出来了"。治疗师应答说"这很有趣！这是谁说的你知道吗？是你的〈思考的头脑〉在说的吧。继续冥想下去的话，〈思考的头脑〉会变弱，所以不希望你继续冥想下去"。来访者一笑，点了下头，回到了冥想。

冥想之后，确认了舒适一点了的身心状态，又确认了排在桌上的心事。治疗师促进道"审视整体，觉察一下每天背负着这些东西在生活唉"。

就如这次初次面询这样，CAS使得来访者保持了自身与"不想活了"心情的距离，具有"整理"来访者背负的各种各样心事的效果。

iii. 各种各样的整理空间和临在空间

整理空间通常是进行聚焦的人（聚焦者、说者）自己想象把牵挂的心事和"感觉"等如何搁置起来。池见（Ikemi，2015）把这样的整理空间表达为"通常的整理空间（CAS）"，而把像上述面询场面这样的整理空间的导入作为"治疗师介入型的整理空间（therapist-mediated CAS）"，解说了对于初学者来说治疗师指示把心事放在哪里的"治疗师介入型的CAS"是有效的。但是，有时候"我"（小我，"思考的头脑"）过于强大，越想搁置越不能保持距离。这种时候就不去努力保持距离、创造空间，而是等待空间自然地呈现。池见（Ikemi，2015）把这种空间叫做"临在空间（space presencing）"。在以下实际面询的逐字记录（池见，2015）中，可以看到通常的CAS、治疗师介入型的CAS和临在空间三者。虽只是八分钟的面询，但是根据在记录后面所记载的来访者的感想，显示了这个短的面询有很大的意义，导致了来访者的变化。另外，读者可以看到整理空间实际是怎么进行的。

治疗师（TH）-1：把注意放到身体的内部。所谓内部是指腹部呀、身体的正中部分。一边注意那里，一边感觉一下自己很好吗？有什么感觉呢？或者最近有没有牵挂的心事呢？有什么浮现上来的话请说一声。不是要说明内容，只要说一下是"人际关系的事情"或者是"工作的事情"只要这样说一声就可以了。

来访者（CL）-1（CL是女性）：要说一声，想出来的，却出不来。

T2：想出来的（CL：想出来的）好像又出不来。那好，想出来又出不来，好像有这样的感觉么。那么，首先我们注意到它。好像是想出来，但是出不来。有出不来的感觉呢，这个想出来又出不来的感觉，要把这个感觉放在什么地方的话，什么地方好呢？

C2：大楼顶上（CL 在面询中几乎都是闭着眼睛，这个时候睁开眼睛望了一下窗外可以看到的旁边的大楼这样说）。

T3：某个大楼上面，可以吗？（CL：是的。）那好，放在某个大楼的顶上吧。可以吗？放好了吗？好的，那就把它放在那边的屋顶上，别的还有什么呢……

C3：公司的事情。

T4：公司的事情，对对。那么，公司的事情有各个侧面，作为整体的感觉是什么？一想到这个事情，会有什么样的感觉呢？

C4：石头（TH：死了？{没听清}）。石头，好像是大的石头。

T5：石头，啊啊，是大的石头。现在，你在说石头的时候微微一笑唉。

C5：虽然是大的石头，但是没有太多坏的印象。

T6：不是坏的石头，是大的石头。

C6：大的。

T7：是大的。那好，这块大的石头，放在哪里好呢？

C7：因为很大，不能移动……现在动不了。

T8：这块大的石头在什么地方就好了呢？

C8：嗯~它在自己的里边？

T9：不~如果是这么大的石头的话，火山的喷火口的附近呀……

C9：啊~如果……是的（沉默）什么地方，在有美丽景色的地方（TH：对对对）澳大利亚的石头那样的。

T10：澳大利亚的石头（CL：对）？

C10：艾尔斯岩那样的。

T11：艾尔斯岩那样的，是那么大｛一边笑｝么。那好，和艾尔斯岩并排地放吧。

C11：对。

T12：好了吗？那好，现在放了两个。大楼顶上和艾尔斯岩，还有什么？

C12：还有家人。

T13：家人的事情。

C13：对。

T14：那，这个家人的事情是什么样的感觉呢？

C14：家人，是什么？在自己的里边，一直非常在意的，在旁边。

T15：在意的，但是在旁边。

C15：一直在的，感觉在视野的一旁，不在中心。

T16：啊啊，是在视野的旁边。嗯嗯，那，在这个视野旁边的是什么样的感觉呢？

C16：完全没有不好的感觉（TH：对），嗯~是什么呢？是忘掉是不可以的感觉，必须时刻记着的感觉，携带着的感觉。

T17：好像，在自己里面，我听到的是，咳~在自己里面的什么地方，一直有这样的想法，忘掉家人是不可以的，一直要在旁边的什么地方想着家人的事情，必须要一直携带着家人，是不是呢？

C17：是的。

T18：那么，这个想法放在那里好呢？（CL：是唉）首先，先觉察到这个感觉，自己想着必须一直想着家人（CL：对）。把这个想法放在什么地方呢？

C18：对。

T19：那，它想到哪里去呢？

C19：天空。

T20：天空，好家伙！

C20：天空。

T21：什么样的天空？

C21：蓝色的、高高的。

T22：蓝色的、高高的天空，好～的。

C22：（沉默44秒）（哭泣）（再沉默22秒）

T23：现在，发生什么了？在自己的内在？

C23：｛听不清楚｝在扔向空中的瞬间，眼泪出来了……第一次有这样的感觉，所以不知道是怎么回事……发生了什么（嗯，嗯）……｛一边流泪一边说着话｝

T24：眼泪，伴随着什么样的感觉？

C24：大概说的事情……对谁都没有说过，所以在这个场……

T25：放心下来的感觉？还是……

C25：是的。一直，在这样的讲习会上，对谁都没有说过……所以是第一次。（TH：嗯，嗯，嗯）（沉默10秒）

T26：那么好像，第一次可以说出来……

C26：是的，嗯，嗯。（沉默15秒）

T27：嗯，第一次可以说出来，是什么样的感觉呢？

C27：太棒了，是吧，去掉了警戒着的东西的感觉。

T28：啊啊，去掉了警戒的感觉，对，对。那，似乎一直警戒着的，在自己内在，现在，感觉这个警戒去掉了。

C28：热起来了，是真的。

T29：有热的感觉。那么，和这个热的感觉在一起待一会儿吧。

C29：好（沉默40秒）。

T30：有什么浮现上来了吗？

C30：祖母｛在笑声中｝（TH：啊啊）浮现出来了。（TH：嗯嗯）

T31：说了些什么呢，祖母？

C31：什么也没说，一直看着……

T32：嗯嗯，那现在，有热的感觉，然后祖母的脸浮现出来（沉默34秒），那，现在什么感觉？

C32：心情……肩部通爽。

T33：通爽的感觉？

C33：肩周炎治好了的感觉（笑）。

T34：肩周炎治好了的感觉，O—K—。那么，体味这个热的、治好了肩周炎的感觉，如果你觉得已经差不多了的话，在这里结束？

C34：好的（沉默20秒）好的，状态好多了（笑声）。

T35：是吗？

C35：好多了。

T36：好的，好的，O—K—，那就结束。

CL 的感想邮件（一个月后）：

"接受……老师的面询以来，感觉一直在肩上的重负去掉了。打那以来，我就有不可思议地被守护着的强烈感觉，慢慢地感觉自己解放了。（中间省略）请务必使用这个研究资料。我觉得这是面对自己、很大的人生转机（以下省略）"。

逐字记录的开头 TH-1 的引导是标准整理空间的引导。在第 2 章说过，〈感觉〉是被身体感觉到的，所以，首先要感受一下身体。于是出现了"想出来的，却出不来（CL-1）"，最初的心事的处理方法是"标准的 CAS"。第二个心事太大，以本人的自我动不了，所以治疗师提议"和艾尔斯岩并排地放",这是"治疗师介入型CAS"。最后的"天空"离开来访者和治疗师的意图突然出现了。治疗师看到来访者对"把这个想法放在什么地方呢?(T18)"的提问没有反应,马上就修正了提问,"它想到哪里去呢?(T19)"。对于自我解决不了的问题,就放手(let go)让它到它自己想要去的地方去。于是,天空马上就出现了。

在C23有"在扔向空中的瞬间,眼泪出来了",所以来访者可以以自己的力量想象把家人的问题扔向空中。但是,无论臂力怎么强也扔不高,够不到天空。在治疗师的追体验中,在来访者以自己的力量扔向空中的瞬间,也就是在放手的瞬间,就好像是"他力"在作用,被吸到天空去了似的。

还有,在C25,来访者体验到是第一次说到这个话题,但是实际上,就像逐字记录上有的,她没有说过任何内容。没有说过,但是却感觉说了,这说明有了说过了的体验性活动。

整理空间在聚焦简易法中是作为进入聚焦前的准备阶段介绍的,但是我们在这些面询报告和逐字记录中看到仅仅是整理空间部分也具有充分的临床效果,仅整理空间就可以占用面询的全部时间。在这种情形,整理空间和"心的整理法""收纳意象法"等一样可以作为独立于以下解说的聚焦本体部分运用于临床。另外,第6章第1节"青空聚焦"中的"从上面往下眺望云"的想法也是运用的整理空间。最近,美国的Grindler Katonah(2010)关注整理空间后的"整理了的空间(cleared space)"的临床意义也很有意思。在"获得空间""保持距离""整理""收纳"的行为之后,不要忘了再加上充分地体味"空"。

② 体会

进行了整理空间、确定了几个心事之后,在其中选择要在面询中工作的一个,感觉一下它的体会。这里其实有两个部分。一个是在这个面询中选择哪一个心事作为聚焦主题呢?然后第二个是感觉这个心事的体会。在池见（1995）的解说中把这两个分作了不同的阶段，所以相对于简德林（Gendlin，1981，2007）解说中的六个阶段就成了七个活动。请留意在简德林的简易法中"体会"包含了选择主题和感觉体会这两个部分。

现在，请在整理空间中浮现出来的几个心事或身体感觉中选择一个来聚焦。既可以是自己最想看的一个，也可以是感觉到这几个中最想被看到的一个。

那好，当这个心事浮现上来的时候，〈身体〉上是什么样的感觉呢？胸部呀腹部等，〈身体的正中〉部位，有什么隐隐的感觉吗？心情好的时候〈身体的正中〉部位是舒爽的感觉，现在，当这个心事浮现在眼前的时候，是什么样的感觉呢？

在第2章、第3章已经解说了，所谓体会是不可名状但确实〈在身体上感受到的〉感觉。虽然难以言说，却是产生许多意味的源头。所以，让我们关注这个不可名状的感觉，带着兴趣倾听它的所知。

③ 把手表达

在"把手（handle）"的语意中有"操作"的意味。说到拎包的话，把手就是"提手"。只要"把握"了这个"提手"的表达，就可以拎起整个体会。体会难以言表，但是一旦能用什么形式来表达，就会产生出意味。

不用语言也可以表达把手，拟音词也可以，意象也可以，动作也可以，艺术表达（第6章第5节，池见，拉帕波特，三宅，2012）也可以。"一想到这件事，胸口就有模模糊糊的感觉"的场合，"模模糊糊"是把手表达。"一想到这个，胸口就感觉被抓紧了（右手在胸口中心部位做握紧的动作）"的场合，"被抓紧了"的语言和"右手在胸口中心部位作握紧的动作"配套成了把手表达。在第1节的"作为倾听的聚焦"中说者感触到体会，表达体会的语言也是"把手表达"。我们再来看一下第1节的例子。

> 说者6：真的是复杂的感觉呢……（沉默10秒），胸口像是被收得很紧（沉默5秒）……硬的东西……（沉默5秒）好像硬块就在胸口中间（沉默15秒）……

这个发言中的"胸口像是被收得很紧""硬的东西""硬块就在胸口中间"都是把手表达，都是用来表达"真的是复杂的感觉"的语言。而且在最初说"胸口像是被收得很紧"的瞬间，这个表达反身回来，变化到了"硬的东西"，然后又经过同样的过程变化到了"硬块就在胸口中间"。

④ 感应把手表达

听者通过在应答中使用"硬块""胸部的硬块"来让把手表达在说者内在感应，形成更精密的表达。说者这样自己试着说一下把手表达，如果看不到说者这样做的时候，听者就会促进一下。

> 听者6※：我复述了你的话，那里有什么浮现出来呀？请安静地感觉一下。"胸口的硬块…胸部的硬块。"
>
> 听者6F："胸部的硬块"的表达很贴切吗？
>
> 　　　　　　　　　　[听者6F是聚焦简易法中频繁使用的应答。]

⑤ 叩问

在感应把手表达的时候，把手表达会变化，会发现贴切地表达体会的语言或象征。这个时候，伴随把手表达的出现，会有"明白了"意味的体验。这是被称为"体会转化"的现象。一旦体验到体会转化，就会频繁、自然地笑个不停。还有伴随什么被净化了的感觉的流泪，这个眼泪并不伴随难受的感觉。

> 说者7：（沉默10秒）嗯？嗯，胸口中间还是，身体中间好像变成硬的、在结块的（沉默10秒）……孤单？……嗯，现在，忽然浮现出孤单来。是么……嗯~
>
> 听者7：孤单。

这是被叫做"体会转化"现象的一个例子。在这里说者感受到的"在结块的"感觉在向"孤单"变移（转化）。体会转化也被叫做"体验的一步（experiential steps）"。这是因为通过这个体验方式理解进了一步，关于不知道怎么回事的结块的理解进了一步，变成了孤单的新的理解。

在各种各样的心理治疗中，通过像上述例子这样的"体会→把手表达⇌感应"的过程产生了体会转化。体会转化不是体会特有的，体会转化是记述理解进了一步、体验变移的用语。

发现了表达体会的把手，意味却没有被创造出来，这种场合可以叩问以下的问题。只要询问以下开放式问题就可以了。

—— 这个（把手表达）向你传达着什么呢？

—— 这个（把手表达）究竟是什么呢？

—— 这个状况的什么像（把手表达）呢？

—— 这个（把手表达）需要什么呢？

—— 把这个（把手表达）作为谜面、这个情境作为谜目，这个谜底是什么？（参见"猜谜"第6章第6节）

在本章的第1节的"作为倾听的聚焦"中有以下的叩问。

听者6：在这个硬块的旁边待一会儿，来感觉一下它。如果有什么浮现出来，请告诉我。

听者6#：这个胸口的硬块如果在向你传达什么的话，它会说什么呢？

听者6＊：这个胸口的硬块究竟是什么呢？

听者6※：我复述了你的话，那里有什么浮现出来呀？请安静地感觉一下。"胸口的硬块…胸部的硬块"

听者6+：我们来成为这个硬块吧。就好比已经是那个硬块，坐下了。是怎么个坐法呀？然后，那样的话，有什么浮现出来了呢？

听者6〃：胸口的硬块是谜面，儿子是提示，谜底是？

⑥ 接纳

通过体味体验的变移带来的新的理解往往富有意外性。在本章第1节的例子中也有从开始是"生气"的体验到表达为"孤单"，对于说者来说会感到很意外。所以，不管最后部分觉察到的是什么，我们都要珍重地接纳（receive）。

（3）聚焦中发生着什么？作为诠释学循环的聚焦

简德林不怎么解说其他哲学家的思考，但是简德林（Gendin，1997）也有罕见的例外。那就是简德林解说狄尔泰（第3章），解说狄尔泰的"诠释学的循环"。要点如下。

> 蜘蛛在桌子上步行。我一敲桌子，蜘蛛停住一动不动。这个蜘蛛停住不动是蜘蛛的体验，也是这个体验的表达。由此我可以理解蜘蛛在害怕。在狄尔泰来说，体验/表达/理解是一个东西。

体验·表达·理解的循环状态被称为"诠释学的循环（hermeneutic

circle)"。池见（2009）发表了关于简德林的聚焦是诠释学的循环的论文。也就是说，体验＝体会、表达＝把手表达。我们来看一下。

比如有人说："一想到明天的工作，就感觉到一些模模糊糊的东西。"在这个场合，"模模糊糊"被体验到，"模模糊糊"被表达出来，在这里有明天的工作什么地方令人不爽的"模模糊糊着"的理解。在下一个瞬间，他会修正一下发言。

"嗯~模模糊糊吗？因为准备不足，好像有点不安。"在这个发言中，诠释学的循环推进到进一步的体验·表达·理解。这次体验到了"不安"，"不安"被表达出来，出现了"明天的工作是不安的"理解。

我们可以想象一下在聚焦中这样的诠释学的循环在以很快的速度转动。说到极端，就是说者的每一个发言就是一个循环。

像"不，不安，是么？还没有形成充分的意象唉"这样子。这次是体验到了"还没有形成充分的意象"，"还没有形成充分的意象"是体验的表达，"还没有形成充分的意象"是对状况的理解。

体验过程（第3章）的活动不能由潜意识的东西意识化这样古典的理论框架来说明，正确的看法应该是"体验·表达·理解的循环"。专攻狄尔泰的哲学家们或许会反论说"诠释学的循环是用来解释已经死了的人的日记或旧约圣经的，不能适用于心理咨询"。但是，池见（2009）的见解是，不论把狄尔泰作为专业的哲学家们怎么说，简德林把这个循环当作了心理咨询的基础理论。人的体验过程时时刻刻在活动，用这样的视角来看人的体验、表达、理解是心理临床更新换代的一个方面。

3. 罗杰斯 & 简德林：倾听理论的更新换代

卡尔·罗杰斯在1957年发表了以"人格变化的充分必要条件"（Rogers, 1957）为题的论文经常被认为是倾听的背景理论。在这一节中，我们要回到这篇论文，在正确理解这篇论文的基础上解密罗杰斯是怎样更新自身的这个理论的，这个更新是怎样与简德林关联着的。

（1）为了理解罗杰斯1957年论文

卡尔·罗杰斯1957年在心理学的专业杂志《咨询心理学杂志》（*Journal of Consulting Psychology*）上发表了"人格变化的充分必要条件"（Rogers, 1957）。现在任何心理学的教科书上都会介绍这篇论文。而且，这些介绍都会说这篇论文是罗杰斯建立的"来访者中心疗法"的基础理论，是把罗杰斯实践的倾听作为基础的理论。本节要在理解罗杰斯1957年论文的前提下来探讨这些说法。

罗杰斯认为人的"人格"或者"性格"是在人际关系中培育起来的。所以，性格的变化只有在人际关系中才会发生。而且，他根据他的心理治疗的经验，就什么样的人际关系对于性格的变化有贡献提出了假说。在这个假说中，他提示了理想的关系的六个条件。这篇论文是以"假说"的方式写的，其中他也提到了提出这些假说是为了告诉后来的研究者们如何来进行研究并实证这些假说。也就是说，这篇论文是为了研究而写的。然后，研究者们在六个条件中提出三个可以测定的条件并进行了彻底的研究。结果证实了这些条件确实与心理治疗的成功有关，被称为心理治疗的"核心三条件"。核心三条件如下，顺序很重要。

① 心理治疗师（治疗师/咨询师）自我一致，更确切地说是诚实。

② 心理治疗师以无条件肯定的眼神关注来访者，更确切地说是（作

为一个人来）来认可来访者。

③ 心理治疗师体验着对来访者共感性的理解。

① 自我一致，更确切地说是诚实（congruence or genuineness）

标题的原文在日语中经常被译为"自我一致或者纯粹性"。但是，池见（2015b）指出了这个译法的问题。首先，请注意两个英语单词之间的"or"。一看到这个"or"就知道这是表示"or"前面的是罗杰斯自己制作的专业用语，后面的是一般的用语。所以池见（2015b）解释是以后面一般容易懂的语言来说明"or"前面的专业用语。在这个场合，作为"or"的译语，"或者"是不适切的。正确的应该是"更确切地说是"。如果是"或者"就意味着"A或者B"，就是两个词中的一个，如果这样的话句子的意味就不通了。

其次，以前的日语译语中 genuine 译作"纯粹性"，但是这样的日语的意思难以理解。所谓的治疗师具有的"纯粹性"是什么意思呢？正如上述解说的，因为在"or"后面，看一下 genuine 这个词怎么用的就行了，例如，意思是"真皮"的"genuine leather"意味着"没有欺骗和谎言"，也就是说，意味着治疗师是一个"没有欺骗和谎言"的真实的人。或者换个例子说，"池见阳"在"治疗师""心理临床师"的角色之前是一个真实的人——这是 genuine 的意思。用日语来表达的话，"诚实"的译法（福岛，2015）最为适切。治疗师是陪伴来访者活在自己真正的感受中而不是活在角色面具里，这样的治疗师必须对自己感觉到的东西"诚实"。

关于"诚实"在临床上的意义，我们来回顾一下池见（1995）解说的案例。高二学生（女）处于不上学的状态，与这位来访者的面询一直是预定在治疗师（笔者，池见）的午饭之后。面询一开始来访者就用很小的声音一个劲地不停地说一周来发生的事情。中途笔者无论插入什么样的询问都回说"没什么"，然后继续说一周来发生的事情。在完全是单方面不停述说的来访者面前，笔者强迫自己在与无聊和困倦战斗。在这样的面询进行中笔者感觉到了疑问,感觉到了碰壁,这样的咨询不会成功。一反观,作为治疗师的笔者自身不诚实的态度立刻明显起来。也就是说,觉察到了自己本来是无聊困倦的,却要和无聊和困倦战斗,扮演着"在倾听"的治疗师。

因此在第四次面询的开头,"今天我有话要说。其实,从第一次听到你的话就感觉到你好像离得很远,在身边感觉不到。说实话,我甚至感到无聊。但是如果对你这样说的话担心你会不会受到伤害,至今为止一直害怕这个。但是这样下去的话就做不成咨询,所以要诚实地告诉你。而且我现在在想,怎么会成了这个样子的呢?这一点也要告诉你"。

听了笔者的话,来访者告诉笔者,为了到这里来,事先要排练四五个小时。坐在时钟前试着说预定的内容,看是不是正好能说五十分钟,如果时间还有剩余就追加内容,如果内容太多在预定时间内不能说完就减少内容。所以对老师的询问如果不一概以"没什么"来回答的话就不能按时结束。笔者首先坦率说了自己的感想,佩服她用四五个小时来排练。于是来访者告诉笔者说对所有的人际关系自己都是用排练对付的。但是在学校排练行不通,麻烦了,所以就不去学校了。随后笔者提议"你和我不用排练来说话怎么样?"她回答说那样的话就没什么好说的。于是两个人商量怎么办,两个人在医院内的便利店买了杂志,一起一边翻杂志一边"这个好,这个也许合适"地闲聊。每周就像这样没有排练地"闲聊",当习惯了"闲聊"的时候,她开始上学了。这样的面询持续大约半年。

导致这个案例成功的,是第四次面询治疗师诚实地表达了自己的无聊,然后的半年左右,在每周的面询中两个人诚实地闲聊感觉到的东西,面询中几乎没有进行倾听。这里奏效的不是倾听而是"诚实"的两个人的相遇。

② 无条件肯定的眼神,更确切地说是(作为一个人来)认可
(unconditional positive regard or acceptance.)

人在成长的过程中通过重要的人际关系的样态形成这个人的"自我

的构造（self-structure）"。这些人际关系几乎都是"有条件的"。就像"好孩子是开朗的"，只要满足了开朗这个条件就会被表扬为好孩子。因为存在着这样的潜在的条件，所以在这个例子中，人在成长的过程中就会认为"自己是开朗的"。罗杰斯把这样的关于自我的概念表达为**自我概念（self-concept）**。自我概念同时伴随着价值条件（conditions of worth）。这就是"如果不开朗，（活着）就没有价值"的"价值条件（conditions of worth）"。因为存在着这样的条件，例如，有"不开朗"的阴暗的感觉的场合，这个人就会不去感受它，或者歪曲它，像"最近没休息好，也许病了"这样，在理解上用其他的东西来取代阴暗的感觉。在这个例子中认为自己不可能有"阴暗的感觉"的人不可能感受到阴暗的感觉。而且存在被否定的阴暗的感觉是作为意味不明的〈身体感觉（感官内脏的体验：sensory and visceral experiences）〉被体验到的。在20世纪50年代的罗杰斯的想法中，〈身体感觉〉是被意识关在门外的感觉方式的表现。后面我们会看到，这在1980年左右的罗杰斯的想法中有了很大的变化。

因为人有"自己是这样的人"的自我概念，所以在意识上有把不符合这个概念的东西屏蔽出去的倾向。而且如果不这样做的话自己的存在价值就会受到威胁。能够使得这样的自我构造发生变化的是发送无条件温柔眼神的他人的存在。只在当有"你开朗的时候、阴暗的时候都在关心你哎"的无条件的眼神的时候，这个人才开始觉察到"有阴暗的感觉也是可以的"。而且才可能觉察到至今为止被关在意识门外的部分，将它们整合在自我的概念中。为此，在治疗师的互动中"无条件肯定的眼神"具有重要的意义。

用平易的语言来表达就是"认可（accept）"。重要的是"认可"这个人如实的状态，也就是"开朗也好阴暗也好"，"认可"这个人本来的样子。这个"认可"以前的译语是"接纳"，在笔者的感觉上"接纳"一词的"纳"的部分比较重，笔者偏好"认可"的译法。

说到"unconditional positive regard"的"regard"的译语也有变化。当

初被译作"无条件肯定的关注",后来被译作"无条件肯定的关心"。也就是说"regard"是让译者犯难的词。但是,考虑到"regard"在法语中是"看"的意味,中田(2013)在和笔者的交谈中把"regard"译作了"眼神"。本书中统一用这个译法。

像这样,在罗杰斯的理论中"有条件的眼神"在人格形成上起着很强的作用。所以在人格变化理论中"无条件肯定的眼神"是很重要的(Ikemi,2005)。

③ 共感性理解(empathic understanding)

关于共感,罗杰斯在1957年这样写道:"将来访者个人的世界如同自己的一样去感同身受,绝对不失〈如同〉的性质,我认为这是共感,是心理治疗不可或缺的(笔者译)"。也就是说,罗杰斯把"共感"表达为不是以第三者清醒的眼去看,而是把来访者的体验〈如同〉自己的体验似的来感受。在面对烦恼的人的时候,〈如同〉自己也在这个状况中,清清楚楚地知道这个烦恼的人的状态——这样的体验就是"共感"。这对比冷静的科学家的建议就容易明白了。"为这点事情不值得烦恼""为这点事情烦恼,你有毛病啊""烦恼是不安,对吧,所以只要放下不安就好了"。在这些冷静的观点中,来访者实感不到"被理解了"。"如同"是这个人一样地去体验世界,这才是共感性理解。

罗杰斯认为以这三个条件为特征的关系状态会促进来访者的人格变化。我们来看一下其意义以及后来罗杰斯自身做的更新。

(2)罗杰斯核心三条件的意义

罗杰斯的核心三条件往往被认为是罗杰斯创始的来访者中心疗法的理论。但是,在1957年的论文(Rogers,1957)中,罗杰斯说到了这样的人际关系状态在来访者中心疗法以外也是有效的心理治疗,此外在与父母兄弟的关系、与友人的关系上也可以看到效果。也就是说，具有此核心三条件特征的人际关系并不仅限于来访者中心疗法，在更宽泛的可以看到"人格变化"的一切人际关系上都可以观察到。在这个语境上可以解读此核心三条件"不是来访者中心疗法的理论"。

另一方面，罗杰斯在1960年的著作（Rogers，1960）和1980年的著作（Rogers，1980）中把这三个关系的状态作为了来访者中心疗法的特征。在这个语境上可以把此核心三条件解读为"是来访者中心疗法特征的理论"。

所以我们可以解读为，在宽泛的意义上，发生人格变化的时候可以观察到以这三个条件为特征的人际关系，而在来访者中心疗法中这些关系的状态尤其受到重视。因此，来访者中心疗法比友人关系等更容易使得人格发生变化。

其次，来探讨一下把这三个条件看作罗杰斯实践的倾听基础理论的见解。我们确实可以读到罗杰斯假设倾听的场面，记述着这三个关系的状态。但是，罗杰斯没有记述说这些是"倾听"的具体方法。所以，把这三个条件直接作为"倾听技法"的见解是有些牵强的。也就是说，把"自我一致的倾听法""接纳式倾听法""共感性倾听法"作为"倾听法的技法"来理解有些勉强，更正确的解读可以是"诚实的人际关系""把对方作为人来认可的人际关系""有共感性理解的人际关系"。

其理由首先可以举出，在罗杰斯1957年的论述中说到在友人和亲子关系等中也有满足三条件的。当然，在亲子关系或友人关系上并不存在所谓倾听技法的特别听法。所以，可以知道罗杰斯在论述这一点的时候并没有假设把三条件作为倾听技法。第二，就如上面笔者举的自我一致的案例，即便几乎不使用倾听，面询的大部分都是闲聊，也发生了罗杰斯所说的"人格的变化"，这样的例子有好几个。也就是说，诚实于关系未必就等于是倾听。而且，也许可以作为旁证，在简德林的"倾听指南"中并没有提到罗杰斯的三条件。我们可以认为简德林也理解这三条件不是具体的倾听方法。

（3）倾听的更新——倾心于简德林的罗杰斯

如上所述，罗杰斯的三条件指的不可能是倾听的技法。但是，这些条件是从听人说话的心理治疗面询的实践中发现的，所以在心理治疗实践中已扎下了根。追溯一下的话，对于倾听的心理治疗实践可能会有丰富的启示。我们来看一下1957年以后罗杰斯的文献。

罗杰斯（Rogers，1960）关于"诚实"有如下的记述。

"所谓治疗师是诚实的，就是不隐藏在防御面具后面，〈作为身体感觉〉（organismically），他带着体验到的心情在面对来访者。（笔者译）"

也就是说在与来访者相会期间，在关注来访者的同时，也持续感受治疗师自身的〈感觉〉（体会）。而且，治疗师坦率地感受自身的体会，根据场合也会表达体会，正因为如此，治疗师才能诚实地在这个场存在。如在上述"自我一致"的示例中，治疗师一边倾听来访者的话一边关注自身感受到的"无聊"的感觉，并能把它表达出来。

虽然也有"〈治疗师要把感受到的东西放在一边〉，务必去理解来访者"的心理咨询的教法，但是这样一来，治疗师这个人本来的样子消失了，这说不上是一个诚实的治疗师。如果把关注体会，将感受到的东西转化为语言叫做〈聚焦的过程〉的话，罗杰斯说明的诚实就是治疗师一边聚焦一边面对来访者。

罗杰斯对简德林的倾心到了1980年的著作变得更为显著。在这本著作中（Rogers, 1980），提到了1957年关于共感的记述，说当时是这样认为的，但是现在是以下的思考，提出了更新了的共感性理解。

> "共感性理解——这意味着治疗师正确地感受来访者体验到的心情和个人的意味（personal meaning），并把这些理解传达给来访者。（笔者译）"

我们把罗杰斯的这句话与简德林（Gendlin，1981 / 2007）"倾听指南"对于绝对倾听的说明中的一句来对比一下。

> "提示一两个表达说者真正想要传达的个人的意味（personal meaning）的发言。（笔者译）"

很明显这两句话在传达着完全相同的意思。在简德林的"倾听指南"的绝对倾听中，不是反射说者的原话，而是理解说者真正想要传达的"**个人的意味（personal meaning）**"｛在简德林那里，这也被表达为"**暗在的意味（implicit meaning）**"或者"**被感受到的意味（felt meaning）**"，在这里，两个人用了相同的表达，说到一起了｝，把说者还没有传达的意义用语言传达出来。完全相同的意思，罗杰斯表达为"**共感性理解**"，简德林则表达为"**绝对倾听**"。

其实，罗杰斯（Rogers，1975；1980）解说到他对于"绝对倾听"有"特别的关注"，这是一般共感性理解的具体形式。也就是说，"共感性理解"是概念性的东西，但是对于晚年的罗杰斯来说，"共感性理解"翻译到实践上就是"绝对倾听"。

罗杰斯还进一步做了以下的记述。

> "一旦得到理解自己的人的倾听，人就会开始倾听自己，对他们自身身体（visceral）的体验过程、他们漠然感受到的意味（felt meaning）投入更大的共感。（笔者译）"

罗杰斯在这里把对于人感受身体内部的体会——简德林所称的"体验过程（experiencing）"以及"感受到的意味（felt meaning）"——进行共感，并把自身的这些体验转化为语言作为倾听，而这正是"聚焦"。

并且，20世纪50年代叫做"感官内脏的经验"的被意识否认的东西到了20世纪80年代变成了"是在人内部不停流动的体验，这是生理性的，人可以将此作为意味的根源来参照"。这是第3章简德林哲学的"referent"。"被意识否认"不提了，而成了"作为意味根源的身体感受的指示（referent）"，也就是更新到了体会。

总之，可以说1980年罗杰斯进行的理论更新到达了聚焦。罗杰斯的倾听和简德林的聚焦在这里汇合，成了一条河流了。上述引用的罗杰斯的1980年的著作还收集了罗杰斯以前发表的论文。引用部分最早写于1975年。另一方面，简德林的著作《聚焦》最早发行于1979年，"倾听指南"在那之前几年就已经存在。也就是说，罗杰斯与简德林的聚焦合流可以特定于1974—1975年前后。由于解说罗杰斯的许多读物都解说了著名的1957年论文，所以罗杰斯的倾听和简德林的聚焦看上去像是分别的两个不同的东西，但是如果关注1975年以后更新换代了的罗杰斯自身的著作，就可以明白这两者已经合流了。

在上述引用的罗杰斯的论文中，罗杰斯"在定式化我现在的记述时，我是以简德林定式化了的'体验过程'的概念为基础的（笔者译）"，"同意"简德林的体验过程的思想。他是从体验过程（聚焦）的观点来解说会心团体成员的情绪活动的。关于罗杰斯的理论是如何变化的，是如何引进体验过程思想的，在这方面池见（Ikemi，2005）有较多的研究。

本章从解说尤金·简德林的"倾听指南"开始，介绍了简德林的聚焦简易法。本节介绍了卡尔·罗杰斯更新了这些东西最初成形时的想法，描绘了罗杰斯和简德林的见解非常地接近或者合流了的画面。

第6章 各种聚焦方法的不断发展

就像在第5章我们看到的,现在实际上有各种各样的"作为教学法的聚焦",包含相关练习的新方法层出不穷。甚至在日本还出版了两本书归纳这几年特别盛行的练习集和教示法(村山,2013;森川,2015)。本章要介绍编者以及编者指导的研究者们所研究的聚焦新方法及其应用。

1. 正念与聚焦:青空聚焦

1.1 正念

近年来,以美国为中心,"正念"这个词在日常会话中也开始被使用了。在心理治疗中出现了"正念认知疗法",在日本也设立了"日本正念协会"。作为心理治疗和医疗上的应用,正念之所以备受瞩目,主要是因为约翰·卡巴金的正念减压法即MBSR(Mindfulness Based Stress Reduction: Kabat-Zinn, 1990/2013)。卡巴金在马萨诸塞州的大学医院展示了在包含身体疾病的各种各样疾患的治疗中正念的有效性。但是,原本的"正念"到底是什么呢?

正念是佛教禅修。释尊(释迦摩尼佛/佛陀)把活着的苦作为了中心的课题。在现在用语上"苦"可以译为"压力",所以释尊本来就是心理学家(Blazier,2002)的解释并不少见。在佛教中离苦的禅法很多。越南出身的一行禅师把禅修的精髓之一表达为"正念(mindfulness)",在欧美卷起了热潮（Hahn，1975）。他减少了佛教特有的宗教色彩，把正念作为禅修启蒙。原本叫做正念的，用古代印度的语言来表达是"sati"，其意思大概是觉察。"觉察呼吸""觉察在走路""觉察到有个念头浮现""觉察到心情"。这里的"觉察"不是发现什么新的东西的意思，而是指"意识/关注"。在汉译经典中sati被译作"念"。在日语中也有"念入"的词语，意思是"注意/充分地意识到"。

在释尊的经典安那般那经（*Anapanasati Sutra*，Hahn，2008）中，"关注呼吸"是基础，一般在用到"正念"的时候多是以呼吸禅修为中心的。如关注"空气从鼻孔进来，空气从鼻孔出去"，或关注"吸气时胸部和腹部鼓起""吐气时，胸部和腹部瘪下"，这样进行下去。有时候会有念头和心情浮现上来，这时就开始关注这些念头和心情。"觉察到有这样的念头""觉察到这样的心情浮现上来"。然后再一次回到呼吸的觉察。回到呼吸的时候如果心情或念头没有了，也觉察到"心情没有了"。像这样对身体、心情、意识的状态、意识的对象的"觉察着的"状态叫做正念。

1.2 正念与聚焦

这几年有很多关于把正念结合进聚焦的尝试的报告。聚焦取向艺术治疗（Rappaport，2009）的创始者拉帕波特编辑了以《正念与艺术治疗》（*Mindfulness and the arts therapies*，2013）为题的著作。还有现在担任国际聚焦协会（TFI）理事长的大卫·罗姆把长年藏传佛教的禅修经验运用到聚焦并出版了著作。其他如作为聚焦指导者长年活跃着的Gray也统合了正念和聚焦，发表了著作《修行的新世界》（*New world meditation*，2014）。可以说聚焦对于身体感觉到的体会的"觉察"与正念有共通的部分。

1.3 青空聚焦

池见（Ikemi，2015b）在聚焦中结合进了正念等佛教禅法，发表了

"青空聚焦"。"青空聚焦"是池见受到了山下良道禅师的青空禅法（山下，2014）和藤田一照禅师与山下良道禅师共著的《更新换代的佛教》（2013）的思想的影响，在以前发表的临在空间（space presencing，Ikemi，2015a；池见，2015）的基础上进行了发展的方法。藤田和山下（2013）提出的问题之一是"究竟是谁在禅修？"用他们称作"思维心（thinking mind）"的意识来禅修，禅修就不能深入。也就是说，这和"努力放松吧！"越努力越不能放松一样。池见把藤田和山下提出的"思维心"表达为"我"。在"我在努力"的状态中，普通的思维被强加给了身体的体会，新的意味的创造变得困难了。而且努力地与感觉到的东西"保持距离"，就很难保持距离。

禅修和聚焦很大的不同在于禅修基本上是一个人进行的，而聚焦中他人的临在是基础（虽然一个人也可以进行聚焦，但这是一个人承担了作为感觉主体的自己和作为听者的他人的两个角色）。正是因为有他人在这里，才能感觉到什么。而且体会与语言也会进行相互作用，所以通过出声向听者（倾听者）传达感觉到的东西，体验会推进。青空聚焦由于活用了聚焦的相互作用的侧面，所以青空聚焦基本上是聚焦者和倾听者结伴进行的。

池见的心理治疗理论的特征之一，是前反身和反身性意识的二律性运动（池见，2010；Ikemi，2013，2014；羽田野，2015）。也就是说，认真地回观反身以前的、意想不到突然出现的视觉意象，即反身前反身性的意识侧面。在这种反身意识中，人生和情境的意味被新鲜地创造出来。青空聚焦也是为了促进前反身和反身性意识的二律性运动而开发的。本节要展示青空聚焦的教示例，接着展示"回顾表"（表6-1，见 p.139）。下一节要登载青空聚焦原始案例的逐字记录。

1.4 青空聚焦的教示例

①正念静坐（与倾听者一起进行）

注意感受你的体重是如何加在你的坐骨上的。

试着前后、左右地移动你的重心,注意坐骨两侧感受到的压力的不同。然后,关注你的上半身是如何随着重心的移动而进行调适和改变的。

找到一个你觉得舒适的、平稳的姿势。在这个过程中,用身体的感受去自然地调整到舒服的坐姿,不要刻意地让你的头脑去想"我要用正确的姿势去坐"。

对聚焦者:当你觉得已经准备好,可以往下进行时,请告知倾听者。

② 正念呼吸(与倾听者一起进行)

注意感受你的呼吸,关注空气从你的鼻腔吸入、从鼻腔呼出的过程。不要刻意地用大脑去控制你的呼吸,很自然地,空气进来,出去。当空气进来的时候,腹部和胸腔膨胀起来(向上鼓起)。当空气出去时,腹部和胸腔降了下来。就像这样,鼓起来,降下去……注意感受这个过程。

当你的思绪徘徊游离时,只要认识到它的存在就好,然后轻轻地,把注意力再带回到你的呼吸上"鼓起来,降下去……"。

对聚焦者:当你觉得已经准备好,可以往下进行时,请告知倾听者。

③ 正念聆听(与倾听者一起进行)

留意你周围环境的声音,比如,你或许会注意到"有两只小鸟儿正在吱吱叫""树叶在沙沙作响""有一只鸟在一边吱吱叫着,一边往某处飞"。

对聚焦者:当你觉得已经准备好,可以往下进行时,请告知倾听者。

④ 正念感觉身体(倾听者可以把以下文字作为教示文念给聚焦者听)

觉察你身体内部的感觉,感受你的喉部、胸口、腹部的区域是否有一种舒畅明朗的感觉呢?很多时候,你会注意到在那些部位有一些〈身体的感觉(体会;直接指示)〉,把注意力集中于那些〈身体感觉〉,用心去感受它们。

对聚焦者：

如果你注意到了有一些〈身体感觉〉的存在，把这种感觉描述给你的倾听者。比如说，"在胸口处有一种紧张的感觉"。

假如你有若干个〈身体感觉〉同时存在，选择其中最"想关注的感觉"，进行以下的步骤。

对倾听者：

将聚焦者所传达的〈身体感觉〉进行自己的追体验，然后把感受到的感觉用适当的、有把手性质的语言重新复述给聚焦者。（比如说，"在胸口的那里，有一种紧张的感觉是吗？"）

⑤ 将身体感觉比作空中的云（倾听者可以把以下文字作为教示文念给聚焦者听）

对聚焦者：

下面，试着把你的〈身体感觉〉比作天空中的云。感受那朵云，将它的样子和性质形象化，然后描述给倾听者。（比如说，"那种紧张的感觉像是一朵很大的橘黄色的云朵，而且还伴有电闪雷鸣"。）

对倾听者：

对聚焦者所描述的云的印象进行追体验，然后把感受到的印象复述给聚焦者。（比如说，"那种紧张的感觉，就好像是一朵很大的橘黄色的云，而且还有雷和闪电是吗？"）

⑥ 观察或与云进行交叉（crossing）

（倾听者可以把以下文字作为教示文念给聚焦者听。注：括号里注的内容不用读）

现在，把你的视角移到那朵云的上方，从上面对云俯瞰，静静地观察它，感受它（比如说，留意它是一朵很大的橘黄色的云）。当你试着把视点再向上提高，从上向下俯瞰着云的时候，或许你还会注意到天空中也有其他的云存在。

如果说，聚焦者还有其他很明显的〈身体感觉〉存在的话，在这里可以把那些感觉比作其他的云朵。

（注：从云的下方仰望观察云的样子，和从云的上方俯看它是有非常大的区别的。比如说，当你在一朵很大的、有电闪雷鸣的乌云之下时，会感到一种压迫感和威胁感。但是如果你的视点在那朵云的上方的话，那么无论电闪雷鸣还是狂风暴雨，其实都不会把你卷入进去，或影响到你。）

你可以只是观察着云朵的飘动，或者，如果你想与它们建立某种关联的话，就去感受那种关联。你也可以同时进行，一边观察云朵的飘动，一边感受与它们的关联。

[与云进行交叉]

从那些云朵中，选出一朵让你在意的，用词汇和意象描绘出它的样子或性质。

（举例：以"呈橘色的、汹涌的湍流之云"为例，"橘色"和"汹涌的湍流"这两个词汇，便是表现和传达出来的特征。那么，在你的生活中，什么是那"汹涌的湍流"呢？或者，你的生活里，那"橘色"又是什么呢？你也可以尝试跟着自己的感觉，用形象化的方式意象表达，例如你感到"在那片呈橘色的、汹涌的湍流之云之下，有一座喷发的火山"。从而你了解到是那座喷发的火山制造了这片橘色的湍流之云。这时，你可以试想，我的人生中，是什么在"喷发"呢？那座"火山"又是什么呢？）

对聚焦者：

将自己的体验的过程描述给倾听者。与此同时，去用心留意体验过程的变化。也就是说，留意在体验过程中你所感受到的意象、把手词汇以及〈身体感觉〉（云）是如何随着你去感受和讲述这些、或者听到倾听者的复述而进行变化的。

对倾听者：

对聚焦者所描述的体验过程进行追体验，然后用有把手作用的词汇和意象去将重新体验到的画面和感觉复述给聚焦者，并保持与聚焦者的体验过程的同步。这时，也可以使用把手表达对聚焦者进行聚焦疗法中的"叩问"。（比如说［你可以将下划线部分的语句替换成聚焦者的把手表达的描述］"那片<u>呈橘色的、汹涌的湍流之云</u>是在向你传达着什么呢？"之类的叩问。像这样的叩问形式也可有以下几种变形，你可以尝试使用其中一个或两个进行提问，但是，切勿不留空隙地接二连三式的提问，一定要以不干扰聚焦者体验过程为前提。供参考的叩问形式的例子如下，

"你的人生中，什么像是<u>这片橘色的、汹涌的湍流之云</u>呢？"

"你觉得<u>这片橘色的、汹涌的湍流之云</u>可能会需要什么呢？"

"你觉得<u>橘色的、汹涌的湍流之云</u>到底是指什么？"

"以<u>橘色的、汹涌的湍流之云</u>为题，你的人生为解，那么它的真意是……？"）

（倾听者可以把以下文字作为教示文念给聚焦者听）

经过一些时间与云的交叉过程，接下来我们来观望在下面的云朵。（在体验到感觉转换为止，不见得要一直持续交叉的过程）

⑦ 化为天空（倾听者可以把以下文字作为教示文念给聚焦者听。）

当你留意之时，你已经成为了天空，变成天空观望着下面的云。你的心情或浮现出的思绪和情景就是那些云朵。云朵并不是你，你是天空，你只是观望那些云朵。

⑧ 向自己发送慈悲之心

对聚焦者（倾听者可以把以下文字作为教示文念给聚焦者听）：

你是天空。现在，请尝试以天空的视角，意象出地面上的自己。也许，

地面上的你正抬头仰望着天空。地面上的你或许是一个人，也有可能与其他的人事物在一起。

（比如说，你在什么样的地方，周围有什么，等等，请把你感受到的意象详细地描绘给倾听者）。

对倾听者：

对聚焦者所描述的意象进行复述。之后，让聚焦者将以下的话语，静静地送给聚焦者自己。

对聚焦者（倾听者可以把以下文字作为教示文念给聚焦者听）：

下面，安静地、不做声地，默默地对着地面上的自己说出以下一段话。或者，你也可以用只有自己可以听见的声音，对着地面上的自己轻轻地讲。"愿我健康、幸福，愿我会从一切的苦痛当中解脱出来。"像这样对着地上的自己，静静地、轻轻地说，重复数遍。接下来，向倾听者描述，接收到这些话语的地上的自己是作何反应的。

对倾听者：

静静地倾听聚焦者所表达的描述和感受。

⑨ 结束环节（与倾听者一起进行）

如果你感觉到，已经做好结束的准备，那么请与倾听者一起进入结束的环节。在这个环节当中，首先你要回归到正念呼吸——空气从你的鼻腔进入，从你的鼻腔呼出——当空气进来的时候，腹部和胸腔膨胀起来，当空气出去时，腹部和胸腔瘪了下来。就像这样鼓起来、瘪下去……注意感受这个过程。然后，正念聆听你周围的环境。慢慢地回归到正念呼吸以及正念聆听的状态，这或许会花上几分钟的时间，不用着急。之后，请慢慢地睁开你的眼睛，注意到能使你看清周围事物的光的存在。感谢你的倾听者，流程结束。

第6章 各种聚焦方法的不断发展

表6-1　青空聚焦　回顾表　2.0版　☺　_____年____月____日 ID（　　　　）

过程	体验（意象）·困难	⇐ 想到的·领悟到的
导入	例）浮现各种各样的念头，不能集中于呼吸。	例）觉得头脑里真忙呀。
体会 ~云的 意象~	例）橘红色的、很大的云	例）觉得是有强烈的感情。
从上面 看云 ~成为 天空~	例）云聚集在腰周边。	例）成不了天空？
地面上 的自己 慈悲	例）在安抚忙忙碌碌的自己。	例）觉得在日常生活中没有安稳感。
结束 环节	例）能集中了。	
整体 感想		

提问1	请用1到5的数值表达对本次面询整体的满意度。（请用圆圈圈一下。）

非常满足 5　　　满足 4　　　有些满足 3　　　有些不满 2　　　不满 1

提问2	在本次面询中对自己有没有新的看法、新的理解呢？

明确有 5　　　有 4　　　有一点 3　　　几乎没有 2　　　完全没有 1

提问3	在本次面询中比平时的自己有更大（更广）的想法或看法吗？

明确有 5　　　有 4　　　有一点 3　　　几乎没有 2　　　完全没有 1

2. 逐字记录的青空聚焦案例

在这一节中，我们要介绍笔者作为治疗师做的"青空聚焦"的录像逐字记录。与研究用的逐字记录稍微有些不同，本节的逐字记录把治疗师笔者的评语也写了进去。在下一节，有六名临床心理学研究者从各自的视角对这个逐字记录做出了他们的解说。本案例是笔者（T）在工作坊上做的初始面询，来访者（C）是三十几岁的女性。

逐字记录的青空聚焦案例

她斜坐在我的对面。

C1：好像这样，难得的机会，所以对于自己极其重要的事情，又浮现了两个与此关联的事情，要看哪一个呢？想要坐在这里决定一下。

　　　　她似乎已经决定了，要把"极其重要的事情"放到和我的关系中来处理。

T1：那么也许就有三个：有关联的事情有两个，还有"极其重要的事情"。

C2：啊，这些全都有关联，这边（举起右腕到肩膀）是将来的事情，这边（举起左腕到肩膀）是过去的事情。而另一个，像是总称一样的事情。

T2：那么，一个是未来，一个是过去，中间的是总称。

C3：总称，嗯～嗯，好像这是……想要做寻常做不到的事情的那种心情和，一个人做不起来的事情……关于过去的事情，一提到过去……也有一点不安的部分，感觉到有点踌躇。关于将来的事情……不过，感觉还没有心思去理到它咳。

　　我也感觉到了她的踌躇。不过，我想这也许是她的"我"在踌躇。

第6章　各种聚焦方法的不断发展

T3：身体的感觉怎么样？我想会有整体的感觉唉。是叫做"总称"的东西吗？

C4：（10秒沉默）

　　　　　　　　她在感觉身体。好像她开始关注感觉就变得很难受。

T4：那么，就留意它吧。有些什么，但是一去关注它就变得很难受。

C5：是的，是的。（20秒沉默）

T5：想要不难受的，但是已经难受起来了。

　　　　　　　　　　　她的眼睛里流下了眼泪。

我去拿一下纸巾哦。

　　　　　　　我从后面的桌上拿来了纸巾盒，放在她旁边的椅子上。

　　　　　　　　她对此没有反应，她用带着的手帕擦拭着眼泪。

放在这里了啊。

　　　　　　　　好像她没有听进去。她进入了长时间的沉默。

　　　　　　　　　　　然后一边抽泣一边开始说话。

C6：（1分20秒沉默）感觉很难把注意放到身体上。

T6：不放到身体上也可以，不过现在感受到什么呢？

　　　　　　　她现在在哭泣，我想要知道那个在背景中的感觉。

C7：嗯～嗯，很累呀，这样的词语冒了上来。

T7：很累呀，这样的词语冒了上来？

C8：（长时间沉默）一要想注意，身体……（10秒沉默），好像这样，心里七上八下的。

T8：嗯，那么，不要去关注身体吧。

　　　　　　　她已经充分地感觉到了什么，所以〈要去感受身体〉的意识太强了，我认为这会成为障碍。

就和现在有的东西在一起呆一会儿吧。这里有流出的眼泪，也有冒出来的很累呀的词语，那么，带着兴趣，和这些在一起怎么样呀？

C9：现在有一点想说了。

T9：嗯，说吧。

> 在心理面询中〈想说了〉绝不是心理治疗师把话〈引导出来〉的。是不是和我刚说的〈在一起〉也有一点关系呢，她开始想要向我吐露她的〈极其重要的事情〉了。觉得荣幸。

C10：好像，在这里，参加这个工作坊，今年参加了，但去年也申请了，可是，发生了事情，回想这件事情（哭出声来）……很累呀……

T10：去年，发生了不能到这里来的事情，这很累呀。

C11：嗯，今天？

> 我的发言好像没有传到她那里。

T11：去年，发生了不能到这里来的事情，这在现在感觉更累了

> 我再一次用叫做〈反射〉的心理治疗应答做了确认。

C12：嗯，想起来就很累，既是累也是痛苦（T：嗯），还好，在这里回想起来的，所以，去年的事情，好像和那件事情不怎么合得来，这样的自己，合不来的意思，也有在什么地方〈合得来就好了唉〉，这样说的自己。如果不是那样的话，就有不向前行的感觉了。这里，盖子也很重要，但必须开一点，想看一下，在什么地方。嗯。

T12：好像，想打开一点盖子

C13：嗯，（短暂的沉默）想打开么？问一下自己的身体。（5秒沉默）

T13：也可以不去太勉强地问身体唉。（10秒沉默）也没有必要太勉强地打开盖子。

C14：（3分钟沉默）好像，有一点沉稳下来了……（30秒沉默）结婚到今年是第九年了。不能生孩子，有好多机会，等到想要孩子的时候已经晚了，开始治疗，正好经过了三年（T：嗯），说起怎么

也不能怀孕，这个治疗本身就很累，不过，一去感觉累就不能治疗了。感觉好像这里一边盖着盖子一边治疗过来了……不经意间到了今年，安排了一年半的时间专心治疗，工作全部辞了……（T：嗯）虽然这样安排了时间，却没有得到太好的结果，这个时候，那个工作的消息飘进来，于是，从这个4月份开始虽然没有改变方式，治疗还是继续，但是是不是也回去工作呢，这样的感觉……（T：嗯～嗯）这个治疗今后还继续不继续？在这个时候放弃吗？或者，不想放弃吗？想到这些事情……（抽泣30秒）……医生也对我说，这次是最后的机会。在经济上，医生也为我们夫妇考虑，想了各种各样的办法，金钱方面什么的……想到是最后的机会的时候，嗯（30秒沉默），什么的，一年前，其实怀孕了，但是（哭出来）想到结果流产了的时候……不是受伤，好像留着一点后悔的感觉。头脑里，虽然知道不是因为自己的行为结果那样了（30秒沉默），如果自己那时候这么做的话，或者不那么做的话，好像什么地方有这样的心情，以有一点后悔的形式，在什么地方留着……好像，在那里，（30秒沉默）盖得太严的话看孕妇就很累……看孩子就完全不累。因为可爱，孩子自身。但是孕妇还是看不下去。无论怎么都是羡慕，这样的感觉出来，为什么自己的肚子里不能像那样孕育呢？成了这样的心情，自己也很讨厌。

T14：是哎。好像有一点后悔的感觉，要是这么做不就好了吗，不这么做不就好了吗，好像有责备自己（她点头）的这些感觉。在什么地方，头脑知道不管怎样责备自己，与此都没有关系了，头脑明白是怎么回事。

C15：是这样的。

T15：是哎。

C16：是。

T16：嗯~嗯，那，首先想，要离这个后悔的感觉，稍微远一点。

C17：（一边点头）嗯。

T17：这个后悔…叫做后悔的东西，后悔的身体感觉在那里不是么？（她点头）是什么样的感觉呢？

C18：（一边抹眼泪一边沉默1分半钟）在胸口这一块非常，被压着的感觉……

T18：好的。

C19：……那，呼吸困难……

T19：胸口被压着的感觉，呼吸困难的感觉，如果它们像要去什么地方的话，会是哪里呢？

> 在以临在空间法（Ikemi, 2015；池见, 2015）
> 进行整理空间应答。

C20：（沉默20秒）天空。

T20：天空？ 让它们到天空去吧。

C21：（剧烈地抽泣。1分半钟沉默）好像，一说到天空，就又想起了宝宝。在做那个手术的时候护士对我说"宝宝在天上守护着你唉"（T：嗯），那个时候，很多，流了很多眼泪，但是好像这……（30秒沉默）

> 在这沉默期间我对她进行了追体验。然后觉察到
> 我的追体验与她说的之间的差别。就试着说一下。

T21：一下子浮现在我眼前的是这样的，虽然你听到的是"那孩子在天上守护着你唉"（她哭起来）不过，好像，我感受到的感觉是，自己原要想守护那孩子的（她点头）……所以，嗯……（20秒沉默）

> 在这个沉默中，我自己在试着我下面的提案。

所谓责备自己的想法，其实是想要守护那个孩子（她点头），还有没能守护成的后悔（她点头）……到那孩子原来的地方去吧，到天空去。（她做着抱着什么的手腕动作。然后我继续）让没能守护那孩子的后悔呀、想要守护的心情呀、胸口难受的感觉呀都到那孩子在的天空去。

C22：嗯。（她一边用毛巾擦眼泪一边哭泣）

T22：知道是什么样的天空吗？

> 我想要对她的天空追体验。

C23：湛蓝美丽的天空……云是雪白的……蓬蓬松松的。

T23：在那里这样想，不知道能不能做到，这不是聚焦，不过这是"青空的冥想"，其实，你也是天空。

C24：嗯？

T24：在湛蓝的天空里，在那里，你也和孩子在一起。

C25：孩子？

T25：在那里和你的孩子在一起（她：嗯），各种各样的烦恼，就是各种各样的云。各种各样的念头像云一样轻飘飘地漂浮着。但是你不是云。你是天空。（她点着头闭上眼睛）这样，能够想象吗？自己是天空。在天空这个地方，你和孩子是一体，没有分别……而各种各样的念头就像云一样在下面漂浮着（沉默1分10秒）。

> 她在体验成为天空的感觉吧。

从上面向下看，从上面也许可以看到不孕治疗呀等几朵云。然后也许还有其他云也漂浮着。（她点头），从上面，"有这朵云唉""也有那朵云唉""还有完全不同的云唉"……（她：嗯。睁开眼睛，用毛巾擦眼泪）有什么云呢？从上面俯瞰一下。

（沉默1分钟）

> 她在眺望云吧。

> 在关注她身体的我之中，似乎感觉到
> 她看上去好像身体舒服一点了。

C26：嗯。（点头）（约1分沉默）

T26：在那里再待一会儿，感觉身体是否能变得好受一些，如果感觉到完全舒服了就告诉我一下。然后我们再做其他的冥想。

C27：（沉默约1分钟）（她睁开眼睛）感觉呼吸也舒服了，啊？

T27：那好，做另一个冥想。从天空一直俯瞰地面的方向，在那里可以看到你，小绫（假名）。请从上面往下看，两边都是你哎，天上、地上都是小绫。

C28：是的。（她微笑了）

T28：那，这是佛教的基础冥想，是祈愿。"愿我健康幸福，愿我远离一切痛苦"。

> 我缓慢地发声说出，她对此点着头。

从空中，朝着下面的小绫。（她：好的）愿我健康幸福，愿我远离一切痛苦（沉默约1分钟。她又哭，擦着眼泪）现在，眼泪出来了，是什么感觉呢？

C29：（沉默10秒）被解放了真好，是这个感觉。（笑）

> 我认为说这话的是她的"我"。

T29：不过，认为"从痛苦解放出来真好"的，是在地上走路的小绫吧。从天上祈愿吧。

C30：从天上。（她微笑了）

> 从这个微笑我感觉到了一些好的能量。
> 冒险心或者游戏心的什么，可以感觉到这里有干一下从未做过的事情的开心的感觉。

T30：（以清晰地语气）愿我身体健康、确实可以怀孕，愿我健康幸福，愿我从一切痛苦中解放出来。（她浮现出了微笑的表情）

第6章　各种聚焦方法的不断发展

C31：在下面的小绫相当健康呢。

> 我开始高兴起来了。说着这话的她不是地面上的小绫，那不是"思考着的我"。说着这话的，是天空。

T31：是健康的。

C32：嗯。（笑出来）

> 在这么深刻的话题中可以笑出来，可以认为是相当好的事情。

T32：来觉察健康吧。很健康哎，这样。

C33：（一边笑）与其说是健康，还不如说感觉像孩子般、锵锵锵的感觉哎。

T33：啊啊，是那样。

> 我想要确认她是不是超越了自我，成为了天空。

在下面的小绫相当健康，锵锵锵的感觉，除此之外还有小绫吗？

C34：现在，在上面还有一个我在，好像这样，温柔的眼神，感觉似乎，在守护锵锵锵的我。（大大地向斜上方举起两手，好像要包裹上面东西的动作）（约1分钟沉默）

> 我被她"在上面的我以温柔的眼神在守护着我"的话感动了。"在上面的我"是谁呢？那不是小绫，那好像是更大的生命。

T34：又流出眼泪来了，有什么浮现上来了？

> 新的眼泪出来，我想知道发生了什么。

C35：（沉默约30秒）好像，有被守护着的温暖的感觉……（沉默10秒）……好像有一点踏实……（沉默30秒）……安稳的感觉。

T35：在那里飘着吧。被守护着的、安稳的感觉。然后祈愿几遍"愿我健康幸福，愿我从一切痛苦中解放出来"。（2分钟沉默）（她不时睁开眼睛，拭泪）（3分钟沉默）（她笑了。然后眼泪又落在脸颊）嗯，悲伤的感觉浮现上来，这是云哎。现在又有什么来了。但是，你是天空。请从空中往下祈愿。我也一起祈愿。"愿小绫健康幸福，愿小绫从一切痛苦中解放出来"（她把毛巾捂脸上哭泣）（5分钟沉默）（睁开眼睛1分钟沉默）（闭上眼睛2分钟沉默）你脸色变得好看起来了呢。

　　　　　　　　　　　　　　我可以看到真的脸色变得明朗起来了。

C36：（她放声笑了出来。两个人都笑了）

T36：和刚才相当不同唉。肤色变好了唉。

C37：是皮肤吗？哈哈哈…是真的吗？ 我，一旦流眼泪就会流个没完，想不到不要紧，哈哈哈。好像回想起来的时候流眼泪，但是，身体相当舒服…好像…是什么呢…好像视野开阔了的感觉，真神奇。

T37：是是是。

　　　　　　　　　　因为我自身的体验也有〈视野开阔了的感觉〉，所以我很明白这种感觉。

因为放下了背了一年的东西，所以开阔了一点呢。

C38：是的，（1分钟沉默）嗯，谢谢（顺着她的呼气，我也吐出一口气，然后两个人自然地笑出来）哭得太厉害，肚子的肌肉痛！（两个人笑）

T38：可以了吗？结束？

C39：我可以了……

　　　　　两个人相互致意，在这里结束了约55分钟的面询。

3. 对逐字记录案例的点评

本节要介绍以聚焦为专业的六名治疗师（心理治疗师）/研究者以各自的视角对上一节青空聚焦逐字记录案例进行解说。即使他们有着相同的聚焦取向，但是从他们关注逐字记录案例的哪个部分等，可以了解到他们各自个性化的理解。这些理解大部分是共通的，但是在详细的点上也会有不同。这犹如六个蛋糕师在试吃一个蛋糕并给予点评。专家一吃就都会基本一致地说"好吃"或"不好吃"。但是一说到"怎么个好吃"，也许各个蛋糕师会关注不同的点。然后，通过解明各自关注的点，专家们可以相互学习。在本节中请读者也带着自己的意见来读以下的解说，如能相互学习就太好了。

〔池见 阳〕

3.1 对治疗师的姿态印象深刻

当有非常痛苦的体验时，我们往往会认为为了超越这个痛苦，即便更加痛苦也要以某种方式来面对。

说"在什么地方能面对就好了唉（C12）"的来访者也或许有同样的感觉。在聚焦中想要把对于自己"极其重要的事情"作为主题，如果来访者认为会在说的过程中感到难受痛苦，在说出这件事之前需要相当长的时间也就不奇怪了。另外一方面，到这样的来访者发言说"现在有一点想说了（C9）"为止的过程对于笔者来说意味深长。

在面询一开始，来访者甚至在禁止自己感受身体。在来访者"感觉很难把注意放到身体上（C6）""很累呀，这样的词语冒了上来（C7）""心里七上八下的（C8）"的发言中，笔者感受到了暗在着"现在不想去关注身体"

的心情。但是就像治疗师所评论的，来访者要去感受身体的意识很强，这个时点的来访者是第6章第1节池见所说的"我"绷得很紧的状态。但是当治疗师应答了"就不去关注身体吧""就这样呆一会儿吧。（中略）带着兴趣，和这些在一起吧（T8）"之后，来访者（大概）开始感受身体了。来访者的体验过程开始启动。对于来访者来说，治疗师的语言或许像釜底抽薪，但是也可以理解为通过"无为"的行为所感受到的体验性距离变化了，所以导致了"现在有一点想说了（C9）"的发言。

这个面询从聚焦开始，随后向青空聚焦、慈心冥想推进。从整体来看，治疗师的姿态令人印象深刻。在面对体验着痛苦的人的时候，无论治疗师是什么取向，也不管现在是不是聚焦时间的设置，最优先的是能为眼前的人做什么，如何才能和这个人在一起。而我们往往总是要拉开某种技法的架势。简德林（Gendlin，1990／日译，1999，p.28）记述道："助人工作的本质，是作为活的存在在这里（to be present）"，而"聚焦也好，反射也好，其他什么也好，都不能夹在两个人中间"。不仅聚焦取向的心理治疗师，作为心理临床师，这个面询让我们重新思考姿态的重要性。

[平野 智子]

3.2 温柔的临在产生能量

很难保持距离，稍微想到一点这件事就情绪激烈、泪流不止。虽然头脑里知道这件事应该慢慢地面对就可以了，但是实际上好像这里边有恐怖的东西，面对不了。在日常生活中只好盖上盖子。这样的体验或多或少谁都会有。要是这件事和〈生命〉相关，就更是这样了。这里的逐字记录就是这样的案例。笔者要从"有谁和我一起，我的生就开始前行"的视角来看这个案例。即〈临在〉的视角。

"难得的机会（C1）"，来访者开始是期待着什么而来的。但是"也有一点不安的部分、感觉到有点踌躇（C3）"。虽然带着期待来了，但是不能够马上就面对。不过来访者C4已经有什么浮现上来了，"一去关注它就变得很难受"。距离也相当近，到C6情绪已经满了。对于这种状态，治疗师反复着"就这样呆一会儿吧""带着兴趣，和这些在一起吧（T8）"。在日常生活中也许拼命压抑，要把它放在什么地方。也许想伤心也伤心不起来。现在安心了，它就满溢出来了。这个时候治疗师的"就这样呆一会儿吧""带着兴趣，和这些在一起吧"的应答最终会引导来访者〈温柔地对待〉当下如实的自己。

然后说到"后悔"，与"后悔"保持了距离，但是大概〈搁置不下〉"后悔"，所以，治疗师的"如果它们想要去什么地方的话（T19）"让自责和胸口受苦的来访者有了温柔面对自己感觉的态度。

接着，治疗师使用的追体验的语言是"自己原要想守护那孩子的""到那孩子原来的地方去吧，到天空去（T21）"，这说到底也是温柔。分离的人在那里受到保障，被治疗师守护，可以在一起。和孩子成为一体、成为天空。和治疗师一起俯瞰，来访者的身体变舒适了，呼吸也顺畅了。安心的空间。

在这期间治疗师反复提到"天空"，就好像在告诉来访者一切都受到保障，都在治疗师的守护中，可以安心和孩子在一起，在天空中一起观望。在加上冥想语言的时候，和〈生命〉在一起的慈心对于来访者来说大概是神圣的空间吧。最后这个空间扩大了，有了主体性，结果能量涌现出来。

想把这个案例中的临在叫做温柔的临在。被谁温柔地抱持，就能温柔地对待自己整体。然后温柔的临在会产生能量。

[矢野 归依]

3.3 "在一起"的聚焦

说一下看了实践记录的感想。首先第一个，这是"青空聚焦"。冥想的导入和之前的教示一样，但是其他的询问就不一样了。大概在这个案例之后，教示等会变更吧，在这个案例中是说者选择的"天空"。就像在这个地方解说的，笔者也可以认为是整理空间（CAS）（见第5章）的延长。在CAS中，把心事排在长椅上，放进箱子和瓶子里，搁在桌上或书架上，或者有时候放到大海和宇宙。这个时候，是什么样的箱子或架子呀，把这个心事就这样放置呢，还是用什么小心包裹起来等，有时候会询问质感。这样的话，青空聚焦是CAS的延伸，天空的质感会扩展。或者可以认为是丰富说者体验的"技法"。因此，这个实践可以说是与这个说者进行的〈聚焦〉。

另外，〈通常的聚焦〉中不使用慈心的语言，但是存在相似的说法。在安·康奈尔的方法中，有以温柔的语言对待批评家或体会的教示。而且这或许也关联到简德林说的"友善的态度"。总之，这个案例传达了〈如实〉接纳的重要性。

这里要解说的第三点，虽然因聚焦的定义而异，但是笔者认为体验与象征的来回参照是重要的。所以，青空聚焦也好，艺术聚焦也好，重视来回参照，只要这样的东西产生，就可以认为这是体验性的进展。简德林在他的著作（日译，1999）中主张不管什么流派都可以成为体验性的。所以，这次使用"青空聚焦"的工具、促进体验与象征来回参照的案例，和艺术聚焦一样，可以认为是〈通常的聚焦〉。

最后，看了这个案例，强烈感觉到与说者"在一起"的重要性。在冥想之外的纤细的交流和"感觉说者和听者在一起"的状态，更丰富地推进了说者的体验。可以认为，不管要做什么，有了这个场的"在一起"就有了〈聚焦的味道〉。

[河崎 俊博]

3.4 青空聚焦的共创与来访者的变化

上节的逐字记录是"青空聚焦"的初始个案，"青空聚焦"本身在这里被更新、被实践，直到可以提出作为教示（第6章第1节）案例。笔者（筒井）也体验过几次"青空聚焦"，不过在本节中打算要着眼于初始个案的特有现象。初始个案不是一开始就要进行"青空聚焦",而是要进行聚焦面询。因此,就如其他点评也指出的,在聚焦或心理临床上重要的要素——比如超越设置、"在一起"——都可以在这个初始个案中看到。按照这个视角,笔者要从心理临床学的更新换代的观点来指出两点。

第一点,面询是共创性的活动。在第4章第2节中提到了心理治疗以外的专业面询与倾听的不同。但是,实际上,即便在心理治疗面询中,专门实践信息收集型面询的心理治疗师也不在少数。在这些情况的背景中存在着从许多信息中诊断来访者的课题、决定适切的治疗方针的想法。这种想法虽然在心理临床上是作为常识教给我们的,但是想要解决来访者问题的意识过强,就将有疏于对来访者的追体验、对来访者采取不适切应对的危险。在这个初始个案中,治疗师始终努力在追体验来访者的感受,"青空聚焦"的方针是追体验的结果形成的。这绝不是强加给来访者的东西而是共创的东西。这一点不仅对聚焦,对于任何取向都是重要的。

第二点是来访者的变化。许多心理治疗根据其治疗方针,变化的方向性已经定好了。这些有的是达成发展阶段上的课题,有的是显示问题解决的方向性,有的是修正来访者认知的扭曲。那么,在这个初始个案中什么变化了呢?比较面询前后的变化我们可以说,既没有特别地修正认知,也没有显示解决来访者问题的方向性。但是身体的状态明显地变化了。在C27呼吸也舒服了,在C37身体相当舒服、视野开阔了。本节的笔者们都看了初始个案的录像,看到面询后的来访者有放松的姿势。身体的状态一旦变化,身体指示的未来也会变化(参照第2章第3节),来访者活向前的方式也会变化。而且,作为面询内的变化随处可见:想说〈极其重要的事情〉了(C9);在深刻的话题中也笑出来(C32);感觉到"有被守护着的温暖的感觉"(C35)等。与其要使来访者变化,不如关注这样的变化更为重要。而对来访者的追体验是关系到来访者的变化的。

[筒井 优介]

3.5 早期简德林哲学中没有的"空间"的想法

从逐字记录看心理疗法实践，有四点感想要说。

首先一点，随着面询推进，来访者在不是"思考的我"的层面说话了。关于这一点笔者和治疗师的评语有同感。如果C29的"被解放了真好"的"我"继续努力的话，和来访者本人的意图相反也许会更加难受。之后的C34说"还有一个我在"，明说了有与"我"不同的另一个主体在。但是，仔细看的话，就如治疗师评语中有的，在前面C31的"相当健康呢"的时点，就已经在从"没有分别的我""没有形状的我"的视角来俯瞰地面和云了。

其次，要点评"青空聚焦"的名称和这个案例中发生的事情。就如治疗师所交代的这是"最初的"案例。和后来的第6章第1节聚焦教示例一比较，就知道聚焦的味道没怎么出来。比如说"你的生活的什么是○○呢？""○○向你传达着什么呢？"等所谓聚焦性应答还没看见。但不谈是不是聚焦，其是"青空'心理治疗'"，这一点是没有疑问的。

接下来，关于与佛教思想的关联，要进行外行的点评。"慈心的冥想"在这个案例中相当有助益。仅凭"佛教基本的冥想"的解说，读者也许会觉得和"愿我健康幸福，愿我从一切痛苦中解放出来"的念诵合不来。因为就如藤田和山下（2013）在共著中讨论的，这种念诵未必是传到日本来的大乘佛教所共有的。但是不论是不是共有，笔者认为在这次的面询中帮助到了来访者。

最后，关于这个案例与简德林哲学的关系，能不能作为点评我心里还没底，但是想要提及一下。因为笔者专业学习的在简德林体验过程理论中也是早期的东西，所以对这个案例进行理论上的点评在现在这个时候很困难。"青空"及"云或地面"的保持距离，其整体在聚焦中如何定位，在简德林早期的理论中没有明确的论述。所以，如果单是根据他早期的理论来点评的话，对这个案例就是概念上的"老一套"了。我认为至少需要根据近年来他谈及距离（空间）的理论文献来点评。

[田中　秀男]

3.6 "地上的我"的临床意义

仰望天空，在那里驰骋想象，我们没有谁教，不知什么时候就会了。一直在头上的广大天空，在我们想要与日常保持点距离的时候，其实也许是最身边的一个"空间"了。

青空聚焦是从藤田老师和山下老师（藤田，山下，2013；山下，2014）的佛教冥想得到的启发，作为聚焦取向的实践，像"心的天气"那样把自己的心情和状况比喻为天气的技法也广为所知（土江，2008）。青空最是成为阴云、雨和风暴等各种各样气象现象〈背景〉的东西，把云作为〈图〉的话，青空就是〈底〉。我不是云而是背景的青空，这一冥想立意，可以说正促进着这样的图与底的反转。

关于青空聚焦特别要关注的是通过"对自己发送慈心"回顾"地上的自己"的过程。这个作业不是以促进舍〈我〉而解放到广大的"天空"去为目的的。不是那样，而是对地上的我传达"愿我健康幸福……"，从天空再一次回顾地上。

从天上的慈心层面回顾地上我自身日常的这个行为中，可以认识青空聚焦的"临床"意义。在面询的逐字记录中可以知道，通过慈心冥想来访者看到"地上的我"的姿态发生了变化（C33）。那么，这个时候发生了什么呢？所谓"向自己发送慈心"究竟是指的什么呢？在聚焦的思路中怎么样才能把握佛教"慈心"的观念呢？

可以指出，就像"正念"的概念使得认知行为疗法向第三代更新换代，青空聚焦所包含的"慈心"概念有可能成为使聚焦以及心理临床更新换代的动因。

[冈村　心平]

4. 聚焦与释梦

简德林最早介绍运用聚焦释梦是在他的著作 Let your body interpret your dreams（1986），在日本以《梦与聚焦》（村山，1988）为书名被介绍，而以"梦聚焦"（田村，2013）称呼的聚焦工作为大家所熟知。本节先要概述释梦的历史与现状、古典心理治疗中梦的解析，然后说明简德林的释梦。接着要介绍井野（2015）梦聚焦的实例，最后作为梦聚焦的运用介绍筒井（2015）的梦 PCAGIP。

4.1 释梦的历史与现状

心理临床中的梦，是从弗洛伊德精神分析开始，在荣格的深层心理学等精神分析各派、格式塔疗法、过程取向心理学、认知行为疗法（松田，2010）以及聚焦中都涉及的传统素材。在日本的心理临床中，近年如森田（2009）和丸山（2013）有许多人从事梦的案例研究*。

在日本，田村隆一是著名的梦与聚焦的研究者（1999，2005等），他进行了梦聚焦特征的研究。但是案例报告比较少，还没有在日本代表性的"心理临床学研究"以及"人本主义心理学研究"研究杂志上发表过梦聚焦的实践案例。在以人为中心以及体验过程疗法的国际机构刊物《以人为中心和体验过程疗法》（Person Centered and Experiential Psychotherapies）上发表的梦与聚焦的论文也仅有 Koch（2009）的文献研究的一篇和 Ellis（2013）的案例研究的一篇。

---

*据岛本（2014）所说，到 2012 年在《心理临床学研究》发表的梦的研究报告论文有 155 篇。

4.2 古典心理治疗中的释梦

作为心理治疗的释梦，最早尝试的是弗洛伊德。弗洛伊德在《梦的解析》(Freud, 1899) 中尝试从科学的视角来解释自己的梦并把它用在治疗中。弗洛伊德的释梦以精神分析理论为基础（第1章第2节），治疗师是以梦的意义理论为基础来进行理解的。在现代，这作为"梦的分析"广为人所知。

根据弗洛伊德的说法，梦是"在睡眠即意识控制薄弱状态下被压抑着的潜意识浮现上来的东西"（小川，1999）。梦是愿望的满足，是作为在潜意识里的情感和欲望被激活的结果出现的（Bateman and Holmes，1995）。愿望差不多都是幼儿性欲的表达，因为这样的愿望扰乱内心、威胁到安眠，所以要借助压缩、加工和置换这些梦工作（dream work）来通过审查，并作为分散零碎的梦来意识。弗洛伊德这样理解梦并想要读懂梦潜在的内容，解明做梦者潜意识的欲望。

4.3 简德林的释梦

另一方面，简德林列举了聚焦释梦的三个优点（Gendlin，1986）。本节首先解说简德林关于各个优点的理论，然后展示梦聚焦的程序，最后谈及梦聚焦的态度论。

第一个优点是聚焦的释梦不限定在一个理论或信念体系。简德林（日译，1999）把其他的心理治疗体系分类为"拘泥于某个前提的基本内容，通过这些内容来对待人"的单一理论体系（single-theory systems）和"必须要经过一个狭隘的技法"的单一技法类型（single-technique type）。这两者是排他的，因此会产生问题，所以简德林说不限于一个理论或技法，"如何使用"这些理论和技法才是问题。在释梦中简德林（Gendlin，1986）否定了运用一个理论到达结论的释梦方法，并且认为通过理论导出的结论不过是假说，如果这个假说不能带来什么就不能说是释梦。在梦聚焦中使用的问卷有十六项提问（表6-2），这些参考了弗洛伊德、荣格、皮尔斯等的释梦并把这些理论组合为提问形式。

表6-2　问卷一览表（田村，2013）

1. 有什么在心里浮现出来的吗？
   关于梦，会联想到什么呢？
2. 有什么感觉呀？
   在梦中是什么样的感觉呢？请感觉一下这个梦具有的整体的感觉。在生活中，什么样的事情和这个感觉相近呢？
3. 昨天
   （昨夜的梦）昨天做了什么？做梦（以前做的梦）的时候，有什么事情呢？
4. 场所
   从梦中出现的主要场所想到了什么呢？有这种感觉的场所是在什么地方呢？
5. 梦的概略
   请概括一下梦。生活中的什么地方与这个梦有相似之处呢？
6. 登场人物
   从这个人想到了什么？身体感觉到了什么？
7. 这是你内在的哪一个部分呢？
   假设登场的人物象征着你内在的某个部分。
   如果这个人的性格或心情是自己的一部分的话，你有什么感觉呢？
8. 成为这个人的话
   变成这个梦中的登场人物（或者梦里出现的东西、动物）之一吧。在意象中成为那个人（东西、动物）试一下。
   那个人想说什么呢？他的心情会怎么样呢？
9. 梦的续集？
   让梦最后的重要场面浮现出来吧。
   然后，就这样等待一下看看，下面会有什么样的事情发生呢？
10. 象征
    如果梦里出现的东西或者人是什么的象征的话，是什么样的感觉呢？
11. 身体的比喻
    在梦里出现的东西或人如果表现为你身体的一部分的话，会是什么部位呢？
12. 与事实相反的东西
    在梦中特别与事实不一样的是什么？梦和现实，感觉不一样的部分是什么？
13. 童年的事情
    与梦相关联，童年时候的什么回忆浮现了呢？
    你的童年有没有与这个梦相似的感觉呢？
14. 人格的成长
    你是怎样不断地成长的呢？
    你在和什么斗争着？想成为什么？想做什么？
15. 关于性
    假如梦与你的性有关，梦会说些什么呢？
16. 关于灵性
    梦关于创造的可能性、灵性的可能性在说些什么呢？

第二个优点是，释梦的基准是做梦者自身身体的感觉（体会）。上面说到，在精神分析中治疗师对梦的意义进行解析。可是简德林对梦的研究是基于现象学，其原则是不给体验（体会）套用推论（筒井，2015）。在梦聚焦中，十六个提问里用了几个让"做梦者问自己的身体"（Gendlin，1986）。身体如果没有反应的话就问别的问题，尝试看身体对哪一个提问有反应。当通过提问身体有反应，做梦者的体验过程就前行了。而且，梦的意义是在这个瞬间被创造的。简德林认为梦的意义不是原先就存在的，所以谁都无法"分析"梦。"只有做梦者的身体才能解释梦"（Gendlin，1986）。

第三个优点是这个方法可教可学。精神分析重视移情和反移情的治疗关系，认为在治疗关系中处理梦的潜意识内容具有意义。而简德林的理论则认为人记录过程的变化，并不限于治疗场合。简德林提出聚焦在职场和学校、医院都可以教学*。从这一点上也可以一窥简德林面向大众教授聚焦的态度。释梦也是同样，简德林（Gendlin，1986）说感觉体会这件难事到了释梦就常常变得简单，我们可以一边处理梦一边来学习聚焦。

根据田村（1997）梦聚焦程序，简化下来有以下6步。

① 详细地回忆梦

② 自问（十六个）问题

③ 问一个问题然后等一会儿，看身体有什么反应

④ 问了问题后总是回到体会

⑤ 调整偏见

⑥ 结束

简德林（Gendlin，1986）把释梦分成两个阶段。觉察以前已经知道的事情不过是第一阶段，第二阶段是成功地调整偏见，这对于做梦者的成长来说是新的发现。释梦中所谓的偏见是把梦里的某一部分看作是坏的、要

---

* 《聚焦》第2版（Gendlin，1981，Bantam Books）是在报摊上畅销的纸质书（相当于日本的文库本）。

否定的东西，认为从这一部分中得不到成长的方向。这是自我解释特有的陷阱。所以有必要通过调整偏见，即对习惯性的行为或解释进行相反的解释或者采纳梦中最富有创造性的部分，来对自己的解释进行确认。

另外，作为在梦聚焦中越来越重要的态度，是无论能解释还是不能解释都喜欢梦、享受梦。简德林（Gendlin，1986）提到在实际进行的时候的一个要点，他警告对梦"必须要做点什么"的过分努力会让梦变得无趣、没有兴味。重要的是欢迎梦、喜欢梦，和梦建立起关系，把梦这样那样地翻来翻去，享受创造的快乐。

4.4 梦聚焦的实例

以上解说了聚焦的释梦理论。下面要来介绍实践。首先介绍梦聚焦中实际是如何应答的（井野，2015）。井野着眼于梦聚焦面询整体的应答，把梦聚焦两个面询中倾听者（以下L）的应答分类，并探讨了说梦者（以下D）自身理解得到推进之处的应答（各个面询中梦的概要由于篇幅关系省略）。

井野把倾听者的应答分为八类，如表6-3所示。

表6-3　应答分类的定义（井野，2015 部分有修改）

项目	符号	定义
反射	RF	回传说话的要点、实感、理论的展开及自我概念等（不包括表情、梦的内容）
表情的反射	RF-F	回传在说话中的表情
梦的内容的反射	RF-D	回传说话中梦的内容
个人的感应	PR	倾听者自身共鸣的感受、愿望等
聚焦的应答	FR	聚焦特有的应答
梦聚焦的应答	DFR	问卷一览表记载的16个问题的应答
开放性引导	OL	回答不设限，可以自由交谈的应答
不能分类	UCL	不能归为上述任何分类的应答

各应答的示例如下。

①反射（reflection: RF）

D：一想到那个梦，醒着的时候也一直是那样，感觉很好玩呢。

L：感觉很好玩。（RF）

D：不是那种心里非常的高兴，一想到它，好像有一点高兴、也有一点安心的那种有趣。

②表情的反射（reflection of facial expressions: RF-F）

D：啊，开心。

L：现在你笑眯眯的呢。（RF-F）

D：呀，真是这样的。不是一个人开始就这样开心的，看到大家，看到大家的时候就高兴了，浮现出的在看着大家的自己也高兴。

③梦的内容的反射（reflection of dream contents: RF-D）

L：自己乘上飞机。然后，一上飞机外婆也乘上来了？（RF-D）

D：外婆也乘上来了。

L：乘的时候不在一起？

D：是。

④传达感觉、感应（personal resonance: PR）

D：似乎这个飘呀飘呀飘呀漂浮的状态也并不那么费劲。

L：还有一个浮现上来的东西……在团体中有什么悬浮着？（PR）

D：有。（笑）

L：（笑）于是就赏玩浮现上来的东西？（FR）

⑤**聚焦的应答**(focusing responses:FR)

D：好像变成现在这个样子，在说但不知道在说些什么。

L：（省略）这样子的话会传达些什么来呢？（FR）

D：（沉默10秒）唉……虽然不知道在说些什么，但好像有些共有的什么东西传达过来。

⑥**梦聚焦的应答**(dream focusing responses:DFR)

问卷一览表（6-2）的16个问题。DFR之后标注问题编号。

D：（省略）虽然可以说一点中文，但是别的语言不会。要是与这个阿拉伯人畅所欲言就有意思了唉。

L：可以变成外婆试一下吗？（省略）自己就是外婆了，坐在这把椅子上。（DFR-8）

D：唉，唉，是什么感觉呢。唉马上出现的是，外婆是这样的感觉。（摆姿势）

⑦**开放性引导**(open lead:OL)

D：啊，是。啊，啊，是的。

L：有什么现在浮现了呢？（OL）

D：浮现了。唉，现在浮现的，有点儿惊讶。

⑧**不能分类**(unclassifiable:UCL)

L：我心里觉得也可以停在这里，怎么样呢？（UCL）

D：嗯嗯。可以。

井筒（2015）对两个面询统计了①全部应答的比例、②把面询时间3等分为前半、中盘、后半，统计出各自的应答比例。其结果是两个面询全部应答的比例最高的是 RF、RF-F、RF-D 三种反射（RF），而且在前半、中盘、后半比例也各是最高。全部应答比例中其次的是 PR，在中盘和后半也紧接着 RF 显示较高的比例。梦聚焦特征 DFR 的比例在 10% 以下。另外，研究了说梦者在面询中产生变化时前后两分钟的应答。其结果是在变化前后三种 RF 用的最多，在变化之前出现有 FR 和 PR 的应答。

反射是倾听的基本应答，第 4 章第 1 节已经作了解说。另外关于 personal resonance 也在第 4 章第 3 节"追体验"中作了解说。井野研究了说梦者的变化是在 DFR、FR、PR 之后产生的，在梦聚焦中 RF 与 DFR、FR、PR 的应答不是单独而是组合使用比较有效。此外，井野把 DFR、FR、PR 的应答看作田村（2002）的"注意切换功能"。所谓"注意切换功能"是指"促进来访者把现在关注的对象向别的对象转移以打破僵局"、着眼于体会的变化、或者"促进来访者认知结构或心态变化"的功能。这在调整偏见等释梦的第二阶段发生。这种具有注意切换功能的应答与说梦者的体会相"交叉"（第 4 章第 3 节），通过反射使说梦者能感触到变化了的体验。

4.5 梦 PCAGIP

下面来介绍筒井尝试在团体中应用梦聚焦的实践——梦 PCAGIP。

所谓 PCAGIP 是小团体援助做梦者发现自己的梦的意义的工作。做梦者通过团体成员的提问、感想等理解梦，觉察梦具有的新的侧面。所需时间 90—120 分钟，以 8 人小团体进行。

梦 PCAGIP 的程序和团体的概念与 PCAGIP 法（村山，中田，2012）相同，但在梦的理解和意义的探讨上参考了梦聚焦。PCAGIP 法是一种团体工作，将卡尔·罗杰斯的以人为中心理论（第 1 章第 2 节）和团体的所谓事件过程的案例讨论方法进行了结合。以案例提供者为主角，引导者和参加者在安全的氛围中为案例提供者寻求有效的新方向或具体方法。规则有：提问以一人一问轮流进行，不批评案例提供者的做法，不作记录只在白板上共有视觉化的信息等。PCAGIP法的主题是处理与友人的关系、职场的烦恼、心理临床上与来访者的互动等现实中发生的事情。

以下简要提示梦PCAGIP的程序。

第1阶段：【决定设置】决定说梦者与引导者，其余的参加者作为成员。角色决定了之后，引导者坐在说梦者旁边，全体参加者坐成一个圆圈。

第2阶段：【说梦】说梦者对引导者说梦的内容。这时引导者成为主要倾听者。

第3阶段：【确认梦的理解】引导者听了一遍梦之后，为了确认，向说梦者反射理解了的梦的内容。引导者理解的梦的内容有不对之处，说梦者进行修正使理解一致。

第4阶段：【关于梦的内容进行提问】成员为了拓宽对梦的理解，对说梦者就梦的内容提问。以一人1一问为原则。说梦者对于成员的提问能回答的回答，不想回答的可以不回答。

第5阶段：【分享感觉到的东西】成员轮流向说梦者表达对梦的感想、想法，听到梦的联想，感觉到的体会等。说梦者听了成员的发言可以自由地述说想法和感受到的体会。

第6阶段：【询问说梦者的体验过程】成员询问说梦者的体验过程。询问什么都可以。可以从"问卷一览表"选择问题，也可以根据聚焦以外的理论进行询问。也可以像第5阶段那样表达联想和体会。也可以问说梦者："你希望我问什么样的问题呢？"说梦者由成员对体验过程的询问如果有什么浮现出来就进行回答。

第7阶段：【分享梦的体验】成员轮流回顾体验过程并向说梦者分享感想。最后说梦者回顾体验的过程，分享感想。

第8阶段：【结束】轮流分享体验梦PCAGIP技法的感想。

现在从聚焦的视角来说明梦 PCAGIP 中发生了什么。在这个工作中到处都在进行追体验和交叉（第4章第3节）。第2阶段和第3阶段是询问梦的概要。第4阶段成员通过询问参加者各自对梦的理解丰富起来。追体验因人而异，因此能够从各个成员多样化的视角来理解梦。而且，成员的追体验与说梦者的追体验相交叉会形成更好的理解。参与者构成连锁交叉，梦的理解会越来越丰富。

5. 艺术治疗与聚焦

5.1 序论

一说到艺术，读者们会有什么样的浮想呢？或者有什么样的感觉呢？也许有的人联想到了美术馆和博物馆，也许有的人浮现了最喜爱的音乐作曲家。或许是绘画？工作？或者从来就不擅长，艺术？！无缘。但是，艺术和我们的生活密不可分。例如，遇到印象深刻的事情或美丽的景致，有时候也会编织出像诗或俳句那样的语言。这时候的语言是从身体产生出来的感觉。在挑选服装、杂货、文具、餐具的时候，拿在手上看这个花纹或图案，这个感觉好，中意，什么留在眼里了，被什么吸引了。听音乐，会感到悲伤或兴奋，或者怀旧伤感，有的时候也会寻找适合今天心情的曲子。试着听一下各种各样的曲子，不是这个，那个也不对，是这个！选了。悲伤且心情低落的时候，身体是下沉的感觉；心情非常欣喜的时候脚步也轻快了；充满力量的时候也许会挺着胸；幸福满怀的时候是粉红色系的，但当心情阴暗的时候或许眼里是灰色偏黑的。

这些都是艺术，都有"总觉得""好像……""好的感觉""正好吻合的感觉""很贴"等感觉。"总觉得"等感觉与发生的什么事是连在一起的。

而且这里有创造的过程。这我们在后面详细来说。

艺术治疗是用动作、绘画、粘土、音乐、声音、书写、即兴、剪贴画等各种各样的素材作为媒介,或者把演剧、舞蹈的艺术作为媒体的治疗。简单说是艺术,其实有种种的尝试和实践,范围很广,特征也好基本理论也好都是各种各样。受弗洛伊德和荣格影响很强的精神分析和分析心理学的理论用得很多。关于艺术治疗的历史及其思路、方法、实践有很多著作,可以参照(在本书的后面登载了一部分参考书)。另外,作为历史的源流,最后还记载着学会的设立*。

本书在各种各样的艺术治疗中主要介绍聚焦取向的艺术治疗,其关键词是"体会"。

5.2 聚焦取向的艺术治疗

聚焦取向的艺术治疗是聚焦取向心理治疗与艺术治疗的结合,是由聚焦协会认证的协调员同时也是艺术治疗师的拉帕波特(Laury Rapapport)博士创立的。拉帕波特博士因为什么才结合了艺术治疗和聚焦以及有什么样的实践,详细请参阅拉帕波特博士的著作(Rapapport, 2009/日译, 2009)。这里仅简单介绍一下。原本在聚焦中为了表达体会就在使用剪贴画、粘土、诗、画等各种各样的艺术素材(近田,日笠,2005;村山,2005;村山,2013),所以聚焦取向的艺术治疗的特征也许不太容易明白。而且如果问到聚焦与聚焦取向的艺术治疗,特别是与其中以人为中心的表

---

*艺术治疗学会的历史:于1959年在欧洲设立了国际表达病理学会,其日本支部日本艺术疗法协会于1969年设立。国际表达病理学会1994年在京都召开,在此期间更名为国际表达病理学·艺术治疗协会。另一方面,在美国从20世纪40年代开始被称为艺术治疗创始人的玛格丽特·瑙姆堡(Margaret Naumburg: 1890—1983)等就很活跃,于1969年设立了美国艺术治疗协会。之后也有各种各样的发展,结合各种各样的表达媒体在1970年左右产生了表达性艺术治疗这样的用法。于1994年设立了国际表达性艺术治疗学会。

达性艺术治疗*有什么区别，可以说几乎没有什么不同。但是，不同点还是有的，不同点在于〈体会〉。与在聚焦中经常用到的艺术的不同在于，在聚焦取向的艺术治疗中是结合使用艺术治疗理论的。

我们根据拉帕波特（2009）的理论来简单介绍一下聚焦与艺术治疗的结合。首先，在聚焦中，核心是与体会的互动，从中展开体验性的一步。而在艺术治疗中，颜色和材料的选择、发展意象等作业虽然也是基于体会进行的，但是体会并不被意识到，多是沉浸在艺术的过程中。也就是说体会在创造性活动中是暗在的。关注体会的聚焦和体会暗在的艺术治疗都是推进生的强有力的活动。于是把它们结合起来了。换句话说，把聚焦"表示内在方向性"的东西和艺术治疗"向外表达"的东西相互连接成为强有力的东西。所以，在聚焦取向的艺术治疗中，用艺术表达体会，持续地关注体会，一边感触体会一边进行。例如，说者和听者分享表达的艺术，听者进行聚焦上的叩问。说者浮现了什么就再次用艺术表达。表达了之后再回到体会确认。变化来临，就确认艺术和身体感觉两方面。艺术一旦制作下去就会不断变化，但是特征是始终要回到体会。具体的面询请参照教科书。

体会可以用各种各样的艺术素材（象征）来表达，而由艺术的素材或者由完成的作品可以唤起体会，进而产生新创造的可能性。从体会到象征，从象征到体会，聚焦取向的艺术治疗具有这两个方向的活动。拉帕波特（2009）几乎没有论述过从象征到体会的活动。但是笔者等认为的艺术表达是重视这两者的。池见提倡艺术表达的二律运动（羽田野，2015）。从池见提倡的前反身性觉知、反身性觉知的侧面来看艺术表达，在艺术制作时是以前反身性意识进行的，在反观表达了的作品时是反身性地（二律运

---

*以人为中心的表达性艺术治疗由以人为中心表达性治疗研究所（Natalie Rogers）于1984年在加利福尼亚的圣玫瑰创立。在日本，通过师从娜塔莉·罗杰斯的小野京子的培训和工作坊广泛开展。关于以人为中心表达性艺术治疗的详情请参照本书参考文献。

动）在进行意味的创造（初见，2015）。关于这一点，请详细参见下面体验过程风格的剪贴作业。

5.3 体验过程风格的剪贴作业

所谓剪贴，翻一下广辞苑（第六版，2008），有"（贴的意思）20世纪绘画技法之一。在画面上贴上纸、印刷物、照片等剪贴物和各种各样的东西，在其中一部分上面进行加工。在广告、招牌等有广泛的应用。由布拉克、毕加索等作为贴纸开发"。剪贴原本是在近代美术中产生的，但在我们的日常生活中也有。例如，在给谁寄出卡片或者彩色信纸的时候也会贴上照片、贴纸或者画。在做相册或者照片镜框的时候会把照片切成不同的大小，然后贴上一些贴纸或者文字，有时候还会贴上一些串珠、各色的花边。剪贴在美术史上有其地位，同时也和我们近在咫尺。

在日本，剪贴作为一种心理疗法发展起来。在2009年日本也成立了剪贴疗法协会。剪贴疗法从森谷（1990）的箱庭疗法得到启示，开发出了可以实际操作的方法，之后又发展了各种各样的方法广为运用。剪贴疗法的研究也有很多，个案研究、基础研究都在持续进行。关于这些研究的概观，可以参考青木（2000）、佐野（2007a，b）、加藤（2011）。此外，在聚焦上主要在聚焦工作坊中经常会用到剪贴。花充分的时间制作，完成以后看着这个作品对听者述说。在这个时候会有意外的觉察和发现，实在很有趣。已出版的与剪贴有关的书刊，只有神野（2005）的作品。所以笔者等（Ikemi et al.，2007；矢野，2010）归纳了在聚焦上用的剪贴，起名为体验过程风格的剪贴作业（Experiential Collage Work，简称为ECW）。关于体验过程风格的剪贴作业的具体后面会来解说。

我们已经介绍了艺术表达有二律运动（羽田野，2015）。在剪贴中，就是制作剪贴过程的第一部分和与剪贴互动过程的第二部分。这是聚焦中剪贴作业的特征。在广泛运用的剪贴疗法中，重点是放在来访者的作品制作上。在案例研究中是治疗师解释作品，探讨面询过程。在团体进行的时候，在完成作品后也进行分享，这个分享是有效果的，但是并不探讨作品的意义。不过，近年来也可以看到关注作品完成后的研究。安田（2012，2013，2014）和大前（2012）观察到，通过剪贴表达带来了作者的觉察，与新的生产生了连接。但是，他们还没有关注去发现〈当下〉作品对于作者的意义，而剪贴作品只是被看作"内在的世界"。

另一方面，在体验过程风格的剪贴作业中并不把体验的表达（剪贴）看作体验的复制（Gendlin，1997），当然也不认为是内在世界的反映。剪贴作品是还不清晰的"感受到的意味"通过照片等的剪贴"形成意味"（三村，2012）了的东西。然后这里包含更多的意味。这是在与听者的关系中即在今天的场，由剪贴唤起体会，一边语言化一边创造。也就是说，通过反观的行为，暗在的（implicit）东西在照片、说者的述说以及听者的语言等的刺激下呈现出其意味来。与此同时，暗含的东西（implying）发生了变化，因此会感到还有什么或者又有别的什么浮现上来被语言化，再次审视照片……过程如此进行下去。关于剪贴，说了一阵之后，有时候与刚完成时候的剪贴给人的印象会变得不同。例如某个面孔的照片开始看上去是严肃的，但说完了以后有时候会觉得这个脸的表情显得有点孤独。也许可以说这个作品自身开始活动了。这么想的话我们就可以明白剪贴作品不是完成了的、固定的或是反映了什么的东西。剪贴作品的表达是不断变化的。

像这样，通过剪贴新的意味被创造出来。所以，在其他的日子再来看剪贴又会产生新的领悟。什么时候来互动这里都会有新鲜的意味产生。剪贴是从现在开始，意味着展开的可能性，总是为我们带来鲜活的新颖。

这里，我们一边来想象制作剪贴一边来具体地介绍。首先，选择画画用的色纸作为衬纸。选择的方法是看着几种色纸，选择自己的目光不由地停留的那张。事先不要决定自己经常选的、喜欢选的颜色为好。选颜色是要吻合〈现在的感觉〉。接下来一边翻杂志一边把在意的照片、画、文字自由地剪下来。这里的选择和剪取也是以不事先决定主题为好。而且，不是决定要去收集○○，而是重视这个〈不由地〉，把在意的东西、目光停留的东西剪取下来。剪取的时候不去想为什么会在意这个，这个○○意味着什么。如果这样的想法浮现上来就让它飘过，一边随意翻杂志一边看。

这样收集到一定程度，就自由地往衬纸上贴。这时候大致地看一下剪下来的东西，有的剪下来的东西觉得好像不需要了，或者有的无论如何也要贴上去。会浮现出一些如再剪一些、这个部分不要了、这个剪成圆的、这个要用手撕一下等。当然，就如自己想的那样做好了。然后放在衬纸上看一下。有一点不对，再往这边来一点。有时候只要调整一点位置就正好了。

以这些〈不由地〉的感觉往上贴。贴完了以后会感觉好像还缺了什么，或者会感觉这样就挺好，完成了。如果感觉还缺了什么，想加上去的东西浮现上来的话把它剪贴上去就行了。这个时候，刚才认为不要的东西或许会变成需要的东西了，或许会在杂志中寻找，留意到〈刚才看到的，那个〉。

在这样的制作过程中，可以知道体会在不停地活动。因为感觉到了什么，所以才注目，才留意。或者〈不由地〉感到想笔直地剪下来，想剪成圆的，想撕下来等。这样一做〈总觉得〉就吻合了。在往衬纸上贴的时候也一样。放在这里〈好像〉不对；放在这里就匹配了；这样就好，是完成的感觉；〈似乎〉感觉缺了什么。都是以〈似乎、好像、不由地〉的感觉在进行。这是以体会为基础进行的作业。

制作完成后，要进行与剪贴的互动。制作者是说者，自由地谈这个剪贴。说者和听者围绕着剪贴一起来体味。在谈论之前，首先可以一起慢慢看一下。然后说者简要地说明一下照片，例如谈一下是○○的照片，在杂志上写着△△，看着这张照片有什么样的感觉或者留意到了什么样的地方等。这是基于体会的剪贴，所以这是创造对于制作者来说的意味的创造过程。也就是说，看着照片、画或文字的象征，从中唤起体会，然后与语言、想起的东西等相互作用进而发现意味。体会的浮现需要一点时间，所以说者慢慢看、慢慢说为好。听者一边一起看着照片一边在倾听中感受从说者传递过来的感觉。同时听者也会一边倾听说者的话、看着照片，一边唤起体会。听者也要一边感受自己的体会一边倾听。听者看着并感受着照片，听着说者的话，同时感受说者和照片传递过来的感觉，听者居于多重的感觉之中。

听者有的时候可以询问。例如这个剪贴向我们传递着什么样的东西呢？如果成为这个剪贴（动物、人）是什么感觉？这个剪贴（动物、人）会说些什么呢？你在这个场景的什么地方？由这个剪贴会联想到什么呢？等等。梦的提问（Gendlin，1986／日译，1998）也可以作为参考。也就是说，听者一有要询问的浮现上来，可以尽管问。当然，这是要在很好地倾听了说者的话之后。受到听者询问的刺激，有可能会与体会相互作用而推进过程。说者不必勉强去回答。说者如果答不上来，听者马上就不再询问。或者听者也可以在倾听之后传达自己浮现的东西。但是重要的是在传达的时候不要老一套。通过传达听者感觉到的东西，与说者的感觉交叉，有时候会产生新的领悟。

最后，我们来看一个例子（见图6-1）。在某个剪贴作品中有一个把动物的脸变形了的奇妙的脸的摆饰。作者被这个脸吸引了。越看越奇妙。但是看着说者的时候感觉到这个大笑着的脸有一种亲切感，也有得到帮助的感觉。是"任凭风浪起，稳坐钓鱼台"的感觉，是能够安心的感觉。在这个时候出现了父亲笑着的脸、朋友笑着的脸。最后，感觉到了对于自己来说非常重要的东西。另外一个例子是在另一个剪贴作品中的一张照片（见图6-2）。这张照片上是在神社等经常可以看到的各种颜色的飘带漂浮在风中。作者一看就感觉到身体舒适。过了一会儿在胸部也感觉到了什么。是自然流淌的感觉，很舒服。再看一下照片，又出现了美的、自由创造的感觉。似乎是与自己连接上了的感觉。进一步边体味边谈下去，还出现了生活中

图6-1 剪贴画1

图6-2 剪贴画2

各种各样的场面，有受束缚的感觉，而自己想要的感觉是像在风中漂浮的飘带那样，自然地、自由自在地、脚步轻快地活动。感觉到了这正是自己原本的活法。

以上介绍了剪贴两个例子的一部分。剪贴是作者生的过程。围绕剪贴，作者和听者一起创造着过程。

6. 日语与聚焦的交叉："汉字一字"和"猜谜"

6.1 前言

简德林英语版的著作《聚焦》（*Focusing*，Gendlin，1982）发表后很快就传到日本，展开了许多的实践。原本是英语的聚焦在与日语的语言运用的"交叉"（第3章）中，有一些独特的东西被创造出来了。

本节要介绍由这种交叉产生的两个新的实践："汉字聚焦"和"猜谜聚焦"。在介绍这两个实践时，也要从体验过程的视角提示一下玩汉字表达和猜谜语言游戏在心理临床上的意义。

6.2 汉字聚焦

（1）汉字表达的趣味

用一个汉字来表达今年一年是什么字呢？一到年底你有没有在电视或报纸杂志上看到过这样的特辑呢？日本汉字能力鉴定协会从1995年起每年公募表达这一年世态的汉字，实施着"今年的汉字"的活动。不少人看到汉字就会"啊，这么一说是有这么回事唉"，或者"不对，对于自己来说不能离开这个字"，开始回顾一年。

用汉字一字表达的〈语言游戏〉其实非常流行，而且在什么地方有使人不会厌倦的魅力。正如池见（2012）指出的，"在汉字一字中有意味，但是这个意味是在要和其他汉字组合才成单词。所以，汉字一字有未完的意味"。例如，2009年的汉字是"新"，在这一年有政权交替的〈新〉政权、〈新〉型病毒的威胁、游泳的世界〈新〉纪录……等"新"字，由于这一个字是未完的，所以可以表达各种各样的事情（对于笔者来说的2009年，是考进了〈新〉设立的研究生专业，开始新的生活的一年）。

汉字的趣味不仅有这些。尤其在日本，汉字分音读和训读，有非常多的变化。单一个"みる（miru）"的动词就有"见/观/视/诊/看……"，要看情况和上下文来分别使用这些汉字。在训读中有"假借字"的要素。笔者现在在变换"みる"的汉字的时候，第一次知道"览"（"阅览"的意思）的表达的存在。各种各样汉字交叉 [参照本章6.3.(2)] 到"みる"这个非常朴素的动词中，就可以精致地表示在这个语境和情况中的独自的意味。

"よむ（yomu）"的动词也很有意思。把它写成"读"和写成"咏"，意味内容不一样。还可以写成"训（よむ）"（好像是"训读"的意思！）。汉字训读的多样性以及语言与情境的交叉带来的创造性也是汉字表达的趣味所在。

（2）关于汉字聚焦

汉字聚焦是"用汉字一字表达某个情境（事情）的体会的方法"（河崎，前出，冈村，2013）。这个尝试始发于编者（池见）在中国连续进行的工作坊（池见，2012）。在中国和日本这样的汉字文化圈中，用汉字一字表达事情是很自然的。我们可以从聚焦取向的视角再次确认用〈汉字〉表达关于情境的〈感觉〉的有用性及其临床意义。

到现在为止开发出了几个使用汉字的聚焦取向的方法（池见，2012；河崎，前出，冈村，2013），有团体实施（前出，2011）等报告，还有与中国

的徐钧协作的研究和临床实践（池见，2012）。这里介绍"汉字聚焦简易法"以及几个方法。

（3）汉字聚焦简易法

【步骤1】感受某个情境（事情）的体会

首先，回顾一下情况。例如可以从审视日常生活开始，"最近，过得怎么样呢？"如果注意到有什么要在这个练习中面对的事情，就感受一下关于这件事情的整体有什么样的感觉，确认一下身体的感觉（例如：来实践一下汉字聚焦。最近每天都是忙于工作。虽然不是讨厌工作忙，但是总觉得哪里不爽……）。

【步骤2】用汉字一字表达体会

如果用汉字一字来表示漠然感觉到的东西的话，什么样的汉字才匹配呢？不要把一个个汉字放进去比对，而是把自然浮现出来的灵感作为线索去寻找汉字（例如：一感觉最近的状况就似乎觉得沉甸甸很重的"岩"……不是单单的"石"，而是"岩"，看上去很匹配）。

【步骤3】感应表达的汉字是不是匹配

再一次确认这个汉字一字是不是匹配。然后翻一下字典，查一下这个字的意思也许有帮助。即便不能凝聚为一个汉字，或者想不出一个汉字也不要紧，重要的是那种说不出的"感觉"在那里。或者也可以新"创作"一个汉字[例如，确实有"岩"的质感，但是还感觉有一点湿气。尝试加上"氵"（三点水）……"氵"+"岩"？]。

【步骤4】叩问

一边问自己一边回顾：这个情况的"什么/什么地方/怎样地"像这个汉

字呢？（例如，现在的情况的什么地方像"氵"+"岩"呢？……像这样水滴在岩石上的话就会长青苔）。

【步骤5】接纳觉察到的东西

对于浮现出来的感觉和想法，首先是不加批评地、珍重地接纳。这样来玩味吧（是吗？"氵"+"岩"是现在的状况的话，就好像长了青苔，如果这样下去觉得就更动不了了。在现在的生活中，似乎需要什么新的行动唉）。

（4）"汉字表达小组"

汉字表达小组是由复数成员组成的小组，每个小组成员向其他所有成员赠送汉字（前出，2013）。向其他成员表达的汉字只是"礼物"，不能揶揄或使人不高兴，要留心是向这个人赠送礼物。通过成员送来的出乎意料的汉字或者相同的汉字等汉字一字的互动在成员中会产生各种各样的交叉。

（5）作为定性研究的"汉字表达法"

应用汉字聚焦的方法，以汉字一字表达某个研究对象，通过积累这些汉字来把握对象暗在的意味。这种尝试现在也在进行（池见，2012；石原，2011）。用汉字一字来表达自己往来的学校、班级、社区，什么样的汉字匹配呢？同一个社区的成员选择什么样的汉字，那里可以分辨出什么样的差异和共同点呢？

（6）翻一下字典会很有趣

在汉字聚焦的活动中，翻汉字字典也是重要事项。在创造性地应用聚焦的边缘性思考（Thinking at the Edge，简称为TAE）中，也包含了翻字典的步骤（Gendlin，2004）。在TAE的这个步骤，是试图通过参照字典这种公共语言集导出更新鲜的表达。另一方面，在汉字聚焦中使用汉字字典时，通过与包含在汉字历史性象征的由来等的智慧进行交叉，可以汲取新的意味。把表达感觉的汉字与字典交叉，它的意味会更精密起来。

（7）汉字聚焦的小结

在以汉字一字表达状况的过程中，它的意味会更精密起来。而且，汉字具有包含许多暗在的意味、容易与人共有的特征。这样用汉字一字表达的行为特征可以为临床实践和定性研究做出贡献。

6.3 猜谜聚焦

（1）猜谜：享受〈未知〉的语言游戏

"谜面是回转寿司，谜目是影子统治者，谜底是……在后台拿捏"。由谜面、谜目、谜底的三部分构成的形式被称作"三段猜谜"，这种富有机智的语言游戏现在在电视演艺圈等也广受欢迎。

猜谜和隐喻（第3章）有着共同的构造（山梨，2012）。就说刚才的例子，谜面（回转寿司）是主旨，谜目（影子统治者）是媒介，这两者的类似性即谜底（后台拿捏）则对应着根据。猜谜的特征在于享受谜底的意外性。优秀的谜语其谜底有意外性并且容易明白。

猜谜艺术中巧妙的点子间不容发地立刻提示有其趣味，但是这好像也是有诀窍的（阿刀田，2006）。首先，要举出成为题目的谜面（回转寿司）特征（例如在后台有在捏寿司的人），把这个作为谜底。其次，找到与这个特征有共同点的其他事物（这种说法是在表达隐藏的主谋的时候使用的，例如影子统治者）。然后变更顺序，只出现谜面（回转寿司）和谜目（影子统治者），让听者去这样那样地思索。

思索不知道谜底的猜谜为什么有趣呢？在回转寿司和影子统治者中，

粗一看没有任何的共通性。但是把这两个排在一起思考一遍它们的类似点的时候就把两个事项进行了交叉（第3章）。一旦想到了答案或者被提示到了意外的答案，是呀，感觉"心放下来了"。在聚焦中把这种伴随"心放下来了"的感觉的新的理解叫做"体会的转化（felt shift）"（Gendlin，1982）。

聚焦与猜谜在促进伴随这种"交叉"特征和"心放下来了"的感觉的理解上是共通的（冈村，2013a）。在聚焦或者心理治疗的过程中，说者或来访者关于面对的状况的感觉，有点像是隐隐感觉到了什么但还不知道答案的"猜谜"。在以语言为媒介的心理治疗中，体现语言自身自由发挥的语言游戏在思考心理治疗活动上是合适的旋律。

在路易斯·卡罗尔的《爱丽丝梦游仙境》的第7章中出现的"Why is a raven like a writing-desk？（为什么乌鸦像书桌台？）"被叫做"帽子店的谜语"。直译起来就是"乌鸦像书桌台，为什么？"但在几个日译（高桥译，河合译等）中，都是把这个谜语用三段猜谜形式译出的："谜面是乌鸦，谜目是书桌台，谜底是？"三段猜谜是东亚独有的，但是包含"交叉"趣味的语言游戏却超越了语言在全世界共通地存在着。

"帽子店的谜语"的答案在作品中没有出现。据发表《爱丽丝梦游仙境》注释的美国作家加德纳（Gardner，1990/日译，1980）说，"帽子店有名的没有答案的谜语到哪里都是客厅里的话题，团聚的时候大家都在动脑筋（p.113）"。意味深长的是，这个谜语的答案原来连作者卡罗尔也没有想过，作者接到许多来信后，结果在初版发行三十年后新发表了答案。之后"帽子店的谜语"仍然魅力不减，据说在1989年英国路易斯·卡罗尔协会甚至举办了新解答竞赛（Gardner，1990/日译，1994，p.142）。

就像帽子店的谜语始终吸引人们一样，猜谜的语言游戏成了享受并探索〈未知〉的绝好形式。利用猜谜具有的力量，促进对于自身的状况的品味并探求其意义，这种聚焦方法就是"猜谜聚焦"。

（2）关于猜谜聚焦

猜谜聚焦（冈村，2013a，2013b）是运用"谜面 A，谜目 B，谜底是 C／C'……"这样猜谜的表达方式让情境与其表达交叉，是促进对情境理解的活动。猜谜用的提问与通常的叩问有共同的特征（冈村，2013b），也可以在通常的聚焦和临床实践中使用。

冈村（2013a）提示了作为猜谜聚焦简易法的听者和说者结伴（或者说者一个人）进行的步骤。以下以一个15分钟左右的面询为例来介绍步骤。这个面询得到了当事人的登载许可，无关的地方作了省略。

（3）猜谜聚焦简易法

【导入】猜谜聚焦的说明

事先说明猜谜的方法和流程。倾听者事先传达促进过程的意图对于聚焦者把注意放在自身过程上是有助益的。A 是二十来岁的男性，是正在学习聚焦的研究生。虽然了解过一点猜谜聚焦，但实际体验还是第一次。

【步骤1】让现在的状况浮现出来

A 一回顾最近的日常生活，就想到了每天忙忙碌碌赶课题。只是忙碌却没什么变化，但是最近有点觉得"还没有能到达"那里。

【步骤2】寻找与身体感觉匹配的"比喻"

一说到最近的事情，A 的身体正中部位觉察有"热的感觉"。与其说是热，还不如说是"发烧"的表达更贴切。

【步骤3】尝试猜谜

因为已经找到了贴切的表达，所以就来试一下猜谜的表现方式。"谜面是〈发烧〉，谜目是现在自己的情境，谜底是……"不去想什么答案，A 只是试着让思绪在心里巡游，等待谜底的解答闪现。

【步骤 4】体味浮现出来的"谜底"

突然 A 浮现出了一个意象，是计算机的画面。排列着许多的文档，CPU 在同时处理着信息，这时候运行慢了下来，计算机自身越来越发烧……"是呀，和现在的状况正吻合！"

有了理解的感觉之后，A 继续有一些想法涌现出来："必须一点点关闭现在不用的文档，首先关闭哪个文档呢……"在下一个议题出现的时候，花了一点时间接纳这个启示，然后结束了面询。

（4）猜谜聚焦的小结

猜谜聚焦是利用猜谜的表现形式来促进"反观"情境的活动，其目的是把聚焦过程改良为更轻松并且谁都能亲近的方式。而且，为了能够体验"情境与语言的交叉"的聚焦过程，作为倾听的练习也是有用的（冈村，2013b）。

6.4 小结

聚焦不分国家、地域、民族、语言，全世界的人们都在实践聚焦。这表示聚焦的身体过程超越了文化，具有我们共通的特征。另一方面，聚焦过程又存在于文化之中，或者和文化共存着。

汉字的使用和猜谜这样的语言游戏也是这样。利用原本就在我们身边的文化资源我们就可以享受聚焦了。在聚焦的更新换代中，通过在各自语言中的"最适化"，我们能为更多的聚焦使用者提供聚焦的趣味。

7. 心理临床师做的治疗师聚焦

7.1 前言

聚焦（Gendlin，1981／2007）是仔细地关注并表达自己心事或问题的体会（参照第2章）的一般方法。对从事心理临床的治疗师在与来访者面询的过程中产生的自身体验（不是自己个人的心事）进行的聚焦被称为"治疗师聚焦"（平野，2012a.；池见等，2006a.，2006b；伊藤，山中，2005；吉良，2002a.，2005，2010；等）。治疗师聚焦对于理解来访者、理解与来访者的关系、理解治疗师自己都有促进作用，因此对于援助治疗师是有效的。另外，这个方法不仅是针对治疗师，据实践报告说，其也可用于对医疗、教育和福祉等各种各样领域的助人工作者的关怀、援助（平野，2012b；松村，2006；牛尾，2009）。本节首先介绍关于治疗师聚焦的代表性的先行研究，然后用实际的面询来概述治疗师聚焦是如何帮助心理临床师的。还有，心理临床工作由职场或对象区分，有咨询师、心理辅导员、心理治疗师等几种名称，本节把这些总称为心理临床师或治疗师，在临床场合进行的咨询叫做心理治疗面询。

7.2 治疗师聚焦

在心理治疗面询中治疗师不仅对于有关事实进行探索和体味，对于想法和感觉也进行体味，从中发现对自己的理解以及想要推进的方法。治疗师可以说是像马拉松伴跑者一般伴随着来访者的体验过程（第3章第1节第1小节），帮助来访者更进一步促进其体验过程。池见把心理面询表述为"'反观'人所在的情境和人生的场"（第4章第2节第1小节）。在这样的心理治疗的场中，来访者发出的信息不仅有语言的，还包括来访者的声音的大小、表情、视线、氛围等非语言的信息，多样且多量。

治疗师在回顾（反省）面询结束时或面询中的场面时感觉到"不知怎么总牵挂在心""不太清晰，但……"的独特的体会，不仅是因为治疗师接收到来访者发出的主诉或治疗经历、成长经历等明在（explicit）的信息，还因为感受到了例如来访者的说话方式中、听到治疗师应答时的表情中暗在（implicit）的什么东西。如第2章第2节第1小节所说，体会中包含着许多暗在的意义。治疗师回顾心理治疗面询，聚焦感受到的体会，表达来访者或个案暗在的侧面，知道其中的意味，这对理解来访者和个案整体以及治疗师自身都有帮助。治疗师聚焦就是这样的支援治疗师的方法。

7.3 治疗师聚焦的先行研究

从事聚焦的治疗师一直认为聚焦于与来访者的面询过程中产生的体验是有益的。最早记述由三阶段构成的"治疗师聚焦法（Therapist Focusing Method，简称为TFM）"的治疗师是吉良（2002a）。

吉良根据自身心理治疗的经验指出：对于体验激烈的愤怒等强烈情绪的来访者，即便治疗师以体验式应答（Gendlin，1968）为主进行应对，也很难与问题保持适度的距离，结果被问题、情感压倒和摆布，处于主体感觉受损的状态（吉良，2002b）。而与这样的来访者面询的治疗师的主体感觉往往也会受损。所以吉良认为聚焦可以帮助治疗师找回主体感觉，而且他将TFM程序化了。以下介绍TFM的基本程序（吉良，2002a，2010，2015）。

【决定面询中处理的主题】

决定面询中处理的主题。例如在与某个来访者的面询中所感到的，或者在各种各样个案中治疗师所感到的等。

【第1阶段：确认整体】

顺着所选主题慢慢回顾自己感受到的东西的整体，把浮现的感觉一个一个地以自己的身体感觉来确认。

【第2阶段：决定方向】

从浮现的复数感觉中确认哪一个感觉想要更进一步体味的，决定面询的方向。

【第3阶段：聚焦体会】

慢慢体味第2阶段所选感觉的体会，通过用语言表达从中浮现的东西来领悟新的发现。

吉良一直以以上TFM的三阶段程序不断地进行实践并指出两个重点：①保持适度的距离；②感触体会。"程序可以有各种各样的变化"（吉良，2010，p35）。TFM面询的进行方法有多样的发展：有单独的/连续的面询、有不限于个案而以治疗师职场环境为主题的面询、仅实施第1阶段【确认整体】的面询等。

7.4 治疗师聚焦操作手册

治疗师聚焦是由表达在心理治疗面询过程中的体会的聚焦者（治疗师）和不干扰表达、仔细倾听、紧贴聚焦者体验过程的倾听者两个人进行的面询。没有聚焦经验的同伴要实施面询或许会感觉困难，应让许多心理临床师体验治疗师聚焦。本节介绍治疗师聚焦操作手册（平野，2012a）（见表6-4）。

表6-4 治疗师聚焦操作手册

作为准备		聚焦者和倾听者一起寻找安心的面询场所和座位	
程序		引导	解说与建议
A	选择一个来访者或个案	1) 问一下"有没有感觉到应对困难的、在意的来访者(以下Cl.)或个案(以下Ca.)呢?"然后选择现在想要关注一下的Cl.或Ca.。	* 所谓Ca.,是指包括Cl.在内围绕Cl.的所有状况。 * 想不起Cl./Ca.的场合,关于同事或工作的心事也可以。
B	远远地确认一下对所选的来访者/个案有什么样的感觉	2) 当与所选Cl./Ca.有关的事情浮现出来,有什么样的感觉呢?表述一下感受到的东西(不是Cl./Ca.的细节)。 • 关于这个Cl./Ca.,首先觉察一下"有这样的感觉",然后放在一边。 • 对于这个Ca.,现在感觉到的是什么呢? • 自问一下:"其他还感觉到什么呢?" • 反复进行现在的程序直到"再也没有什么浮现了"为止。	* 如果快要被这个Cl./Ca.压倒的话就深呼吸吧。 * 缓慢地呼气,同时试着把有关Ca.的心事放在旁边的椅子上。可以问问这个心事,也可以离这个心事远一点。 * 浮现的关于Cl./Ca.的感觉只有一个的话就进入C阶段。 【倾听者】 • 就像"关于这个Cl./Ca.,有……的感觉,是么?"反射感受到的东西,仔细地进行倾听。 • 对聚焦者不详细地询问Cl.的症状或Ca.的状况。
		3) 浏览整体般地进行确认。 • 在列出所有感受到的东西后,安排确认整体的时间,"关于Cl./Ca.,有没有这样的心情呢?"	【倾听者】 • "关于这个Cl./Ca.,感觉……,是……对么?"和聚焦者一起来确认。
		4) 在3) 列出的所有的东西中选择"现在想更进一步关注一下"的一个感觉。	* 如果选不出一个的话,就关注整体的感觉。

表6-4 治疗师聚焦操作手册（续表1）

C	聚焦所选来访者/个案的体会	5）带着兴趣安排时间更仔细地关注 B-4）所选的感觉。 · 慢慢地浏览般地关注这个感觉，有什么浮现出来？表达一下有什么样的感觉。 · 说不定也许在喉咙里或者胸部或者腹部会感觉到什么。试着表达在什么地方有什么样的感觉。	* 没有新浮现出来的东西也没关系。重要的是不要勉强地去感觉。这种情况可以回到 B-3）结束面询。 * 没有必要去要求有关 Ca. 的详细信息和情况（Cl. 的职业、环境或病历、成长经历等）的说明。 * 不管什么样的体验，例如讨厌自己，也对此不否定不批评，温和地与这个体验在一起。
		6）找到贴切表达现在感觉的把手（语言、短句、动作、一个汉字等）。	* 例如，也可以是一个贴切的汉字。
		7）确认找到的表达与感受到的东西是否匹配。 · "现在感觉到的东西与○○（所选语言等表达）合不合呢？"有没有匹配的感觉呢？在表达与感觉之间来回确认。	* 如果感觉"总觉得不对"的话，沉稳地等待别的贴切的什么浮现上来吧。 【倾听者】 · 试着问一下。"你说的○○和这个感觉匹配吗？"
		8）得到与感觉匹配的把手表达后，问一问下面的问题： "这个 Cl./Ca. 的什么地方有○○的感觉呢？" 先问上面的问题。 如果没有任何东西浮现还可以问以下问题： "这件事的什么让我有这样的感觉呢？" "○○的感觉，它需要什么呢？" "○○在向这个 Cl./Ca. 传达什么呢？" "○○的感觉不好在哪里？" "有什么在妨碍着？"	* 聚焦者不是去想"为什么"而是关注感受到的东西，温和地打招呼询问。 * 问一下，然后等待自然涌现的东西。这样的话，之前没察觉到的东西会浮现上来，感觉问题的方式可能会发生变化。

表6-4 治疗师聚焦操作手册（续表2）

	9）对于提问浮现出来的东西温柔地倾听。 • 花一点时间好好地体味感受一下浮现出来的东西。	* 也许会有之前没想到、没觉察到的东西呈现。虽然常常是意料之外的东西，但是让我们以温柔接纳的态度来面对新的领悟吧。 • 也可能没有任何新东西浮现。不必勉强地去感觉，和阶段B-3）同样，在确认"关于这个Cl./Ca.，感觉到了这些各种各样的感觉"后就结束吧。
	10）如认为已经充分体味了就可以结束面询。 • 关于Cl./Ca.如有新的领悟要珍惜重视。	在结束时 * 最后，倾听者既可以确认有什么感受，也可以回顾。如"一个是沉重的感觉。还有一个是与沉重感觉不同的柔和的感觉，还有尖锐的感觉"。

某都道府县临床心理师协会于20XX年Y月举办了"治疗师做的聚焦"的研修会，编者（池见）担任讲师。在研修会上参加者结对用本操作手册的简易版体验了20分钟的治疗师聚焦。研修主持者实施了问卷调查并向讲师传达了调查结果。对于研修会的内容是否有收获的提问，回答"收获一般"和"收获很多"的参与者约占99%。此外，对于在今后的工作中有用吗的提问，回答"某种程度有用"和"相当程度有用"的参与者约占97%。

同一天，笔者用操作手册对参加者进行了治疗师聚焦并以自由记录的方式进行了问卷调查。从感想以及记录有什么样的体验的回顾报告来看，没有聚焦经验的人也体验了聚焦特有的过程。与先行研究一样，促进了对来访者、个案以及治疗师自身的理解这两点得到了认可。而且，还有报告说"个案的前瞻发生了变化""由于与来访者的距离感的变化心情变好了"。平野（2012a；Hirano & Ikemi，2011）指出，聚焦作为支援治疗师的有利之处还包括：不用说得很具体也可以进行面询（遵守保密义务）；有倾听的人在有安心感。这些在回顾报告中也得到了认可。

7.5 治疗师聚焦面询案例

下面概要介绍一个治疗师聚焦面询的案例。

这个面询的聚焦者（治疗师）和倾听者（笔者）都是有聚焦经验的，所以也有不按操作手册进行的地方。按照操作手册某阶段用【 】、体会用〈 〉、把手表达用《 》表示。对于面询中涉及个人的特定信息，笔者在不影响内容的范围内作了删除或修改。

聚焦者 A 是大学附属机构从事心理临床的临床心理师。面询中聚焦者（治疗师）以 F，来访者以 CL 表示。

治疗师聚焦面询的概要

【A-1】在回顾日常工作中有没有牵挂在心的来访者（以下 CL）或个案时，有三个个案浮现上来。CL 几乎没有反应，〈对治疗有没有起到作用牵挂在心〉的体会三个个案都相同【C-5】。一想要表达这个体会，聚焦者（以下 F）感觉到在咨询中自己认为重要的问题与三个来访者的认识也许有不同。例如就像在咨询中 F 认为问 CL 是什么样的心情很重要，但是在来访者看来这里不是谈心情的，而是从治疗师这里讨教具体应该怎么做的。在说到这个感觉时 F 浮现出了某 CL——亲子咨询的母亲。于是再一次关注与这个 CL（母亲）咨询的场面【B-2】。感觉到有〈烦躁〉和〈胸部有水槽边石板那样扁平的重〉两个体会【C-5】。仔细表达后者的体会，找到了贴切的《有意志，有石头。不过，是小石头》的把手【C-6】。出声反刍和体味把手【C-7】，于是有"没放弃（孩子的事情），可能的话想做些什么……但是现在没法子。知道这个孩子有意志，不做些什么的话"这样的感觉。然后 F 说这个感觉与 CL 作为母亲对孩子的感觉相近【C7-8】。接下来的瞬间，发出"啊！"的 F 觉察到了什么："不和'没办法'相处不行唉"【C-9】。想为孩子做些什么，但是"现在没法子唉"的想法与 F 对 CL 的感觉也对上了

【C-9】。即便F提出了各种各样的建议，但CL只要与自己不合就决然不动。"唉！怎么啦？不是要建议的吗？怎么……"，但是F感觉到决然不动的反应与"那个妈妈一模一样，自己之外还有另一个妈妈的存在""对孩子想做这个想做那个，但是还想到这个孩子是与自己不一样的呢""所谓只是带着意志在这里，既有和妈妈相处中自己的心情想法，也有妈妈对孩子的心情想法呢。这样一想，妈妈变得可爱起来一些了。是不是呢？"F说着笑了起来。

在面询结束的时候F谈到了对于CL的没反应自己不能安心。虽然CL的没反应不是表示厌恶，但是那个妈妈有对于不喜欢的建议不予采纳的意志，作了不予反应的反应，有了这个领悟F稍微能够安心了。然后，对"还想要与妈妈再多些交流、谈一谈。要把这些都一起考虑进去"的自己也有了觉察。而且，因为相互还有敬而远之的感觉，所以"对这个建议还不太会采纳呢"等，带着玩笑谈到了要推进到能谈心的关系，面询在谈论今后的咨询中结束了。

7.6 面询的探讨

（1）反身前反身的体验

参加面询的治疗师平时不可能明在地感受到（有没有起到作用呢的牵挂感觉）。【A-1】回顾观察（反身：第4章第2节第1小节）平时的工作产生了体会。一旦以此体会为基础推进体验过程，就觉察到了自己对来访者没反应不能安心。正如简德林的哲学见解"身体在知觉什么以前就在与情境相互作用"（Gendlin，1992），也正如池见（2013）将此进一步延伸而强调的"关系性（简德林的'相互作用'）虽然在反身以前就在对我们起作用，但是直到我们反身为止我们不能知道关系性有什么样的影响"，治疗师也是回顾观察才开始觉察到受到了前反身的影响。受到了也不是讨厌就是没什么反应的来访者的影响。治疗师在知觉是这样的以前就是"不能安心"的状态。池见（2013）指出："觉察和反身来访者对治疗师影响的特有的状态，对治疗师有助益"。在本面询中治疗师也觉察到了来访者特有的状态，觉察到还想要再多些交流，以及谈一谈要把这些都一起考虑进去，为此而谈到了要做的新推进。可以说这样的面询推进了治疗师的生的过程。

（2）体会：这里包含着关系的多层性和体验的交叉

简德林（Gendlin，1996，p.20）举出体会的一个特征是"**复杂微妙的整体体验**"。体会虽然是一个感觉，但是就像丝线被复杂地织入其中，暗含着与人的关系性、情境、体验等相互的作用。在本面询中也可以观察到这样的特征。

【C-6】是把手表达，体味了治疗师"想为孩子做些什么，但是现在没法子唉"的感觉与来访者对孩子的感觉相近，而且感到这个感觉与治疗师对来访者所感觉到的【C-9】又一模一样。

这一连串的过程，谁是主体？或许对于读者来说有点扑朔迷离，但在治疗师聚焦中这样的情况却经常发生。治疗师一感觉到体会，就会有这或许就是来访者感觉的实感。池见等（2006b）和吉良（2010，p165）报告了体会中包含着多层次的关系，这一点是治疗师聚焦的特征。

通常在聚焦中，可以看到①聚焦者与倾听者的互动关系和②聚焦者与自身体验的互动关系，但在治疗师聚焦中可以看到更多层次的关系。在这个面询中我们可以观察到：③聚焦者（治疗师）与对咨询个案认知的互动关系，④聚焦者与来访者的互动关系，⑤聚焦者通过来访者感觉到的来访者孩子的存在与聚焦者的互动关系，⑥倾听者通过聚焦者感觉到的来访者的存在与倾听者的互动关系。

此外，治疗师与来访者的体验重合交错（在本书中是交叉，见第4章）也是治疗师聚焦的体会特征（吉良，2010，p.164）。治疗师感觉到的体会是回顾咨询场面所感觉到的东西，这已经与来访者作了交叉。这是治疗师的？还是来访者的？都不是。既是治疗师的，也是来访者的。所以治疗师在体味感觉到的体会时会实感到来访者所体验到的东西。这个面询在获得把手表达【C-6】之后，治疗师体味把手表达，述说来访者和治疗师双方都感觉到的东西也是如此。

体验相互交叉的咨询情境的体会中包含着丰富的意味。表述这个体会就是表述来访者的体验过程（池见，2013）。

7.7 心理临床师做的治疗师聚焦

除了促进对于来访者、个案、治疗师自身的理解之外，治疗师聚焦还有其他优点（平野，2012a）。

（1）即便不谈及详细的内容（保密）也能推进体验过程

在治疗师聚焦中，重要的是仔细感觉关于来访者和个案的体会，即便不谈及关注对象的详情（诊断名称或成长经历等）也能推进面询。能在遵守保密义务的同时回顾个案，这作为援助治疗师的方法是重要的优点。在处理围绕职场主题的时候心理上的阻抗也会减小。

（2）与督导不同的体验

在督导中，督导者对于治疗师（受督导者）进行专门的指导和出主意。但是在治疗师聚焦中，倾听者对于聚焦者并不扮演同样的角色。不是指导/被指导的上下关系，而是以对等的关系进行面询。

（3）被倾听的体验

治疗师花很多时间听人说话，而自己被没有指导和评价地、单纯地倾听的体验其实很少。而且治疗师非专职或一个人职场的工作状态为多，也没有可以说些话的对象。治疗师聚焦的面询即便一点点时间也好，能够集中于自己感受到的东西，有倾听的人在，这样的机会关系到治疗师的被关怀和安心感。

7.8 小结

本节概述了心理临床师通过进行治疗师聚焦可以促进对个案、来访者和自身的理解，而且有助于对治疗师的关怀。实践表明，治疗师聚焦不仅对于心理临床师，对于医疗、教育、福祉领域的助人工作的从事者都是有益的。其有益性还不仅限于在助人工作岗位上的人，这是因为我们可以肯定地认为谁都在援助着谁。即便不是工作岗位，对家人、对朋友或者对同事，我们都是人与人之间在互动，相互援助地生活着的。所以可以说即使不是包含治疗师在内的助人工作者，使用这个方法也很有意义。

你也把和身边的什么人在一起度过的场面浮现出来，感受一下体会怎么样呀？体会中含有非常丰富的意味，你会邂逅与之前不同的感受呢！

8. 聚焦态度的问卷研究

本章到现在为止介绍了聚焦实践的各种各样的方法，本节要介绍研究聚焦的方法之一，即到现在为止进行的问卷调查。聚焦的研究，主要是如本书介绍的理论研究和开发的各种实践方法等，以定性的研究为多。在另一方面，就如青木（2010）和上西（2011）论述的，支持这些定性研究的定量研究也一直在进行。本节要在这些定量研究中专门介绍近年来盛行的关于聚焦态度的问卷调查。

8.1 关于聚焦的态度

第2章已经介绍过，聚焦是接近〈身体〉的一种方法。简德林（Gendlin，1996）自己也在他的著作《聚焦取向的心理治疗》中说到"聚焦是以特定的做法从内在关注身体的方法"（p.1），与身体的互动是聚焦中特有的。在进行聚焦的时候，聚焦者关注身体的中心对于主题情境是如何感受的，它们被要求安静地等待。在身体的中心感受到的"感觉"指向体会，关注这个体会需要安静地等待。此外，简德林在最初介绍聚焦的著作《聚焦》（Gendlin，1981）中也说到，重要的是聚焦者对自身的体会抱有友好的态度。在简德林开发聚焦的当初，虽然没有使用聚焦的态度这样的用语，但是就如上述在聚焦中对于特有体会的聚焦者自身的态度已有过论述。后来，许多临床专家论述过对于体会的态度，以至现在把这些总称为聚焦的态度（focusing attitudes）。

临床专家们对于聚焦的态度有各种各样的论述（例如，田村，1987；Cornell，1996；Hinterkopf，1998；Rappaport，2009）。本书论述了很多在聚焦中呈现的过程，并且认为聚焦的态度总的来说是促进聚焦过程的一个重点（青木，2015）。而且，有人指出，这种聚焦的态度与罗杰斯（Rogers，1961）作为充分发挥功能的人的特征而受到重视的"**对体验开放**（openness to one's experience）"和"**对有机体的信赖**（trust in one's organism）"也有关联。青木等（Aoki & Ikemi，2014）也论述到聚焦的态度不仅属于聚焦，其与在广泛意义上的以人为中心疗法的实现倾向也存在关联的可能性。

8.2 测定聚焦态度的问卷

（1）关于 Floatability* 的量表（田村，1987；田村，1990 开发）

这个量表是在研究促进聚焦过程的要因中开发的。floatability 是测定聚焦者与自身体会的互动状态的，可以认为是测定聚焦态度的一种量表。据笔者所知，这可以说是关于聚焦态度最早的问卷了。这个问卷由表示 floatable 的状态的九个项目以及表示 unfloatable 状态的 7 个项目构成。田村（1987）发现 floatable 状态与聚焦是否成功相关。而且，这个 floatable 状态被更进一步严密地表述为"与问题保持了距离"、"形成了空间"等，构成了后面列举的"与问题保持距离的态度"。

后来，田村（1990）关于 floatability 的研究进一步发展，制作了新的 floatability 项目并进行了因子分析。其结果由"沉稳"因子（15 个项目）、"体验的新鲜性"因子（7 个项目）、"对过程的信赖"因子（7 个项目）、"关注体验"因子（3 个项目）构成。

（2）尊重体验过程量表（Focusing Manner Scale: FMS）（福盛，森川，2003 开发）

总体上关注聚焦态度，最初制作问卷的是福盛和森川（2003）。森川很早就指出在自然和生活方式中结合聚焦的思路以及体验方式的重要性（三坂，村山，1995），之后，通过调查研究解明了通过聚焦体验的日常化了的聚焦所特有的体验方式是由哪些因子形成的（森川，1997）。福盛则关注与体验之间的距离，开发了关于体验性"空间"的量表（福盛，2000）等。他们把围绕这些受到关注、议论的聚焦态度和他们从日常生活都可以看到

---

*该词在日文原书中没有被翻译，直接用英文，因此在本书也保留了英文。直译或可以译为"悬浮性"。——译者注

的方面进行了项目化，制作了可以进行因子分析等的 FMS。FMS 总共有 23 个项目，分为"关注体验过程的态度"因子（7 个项目）、"与体验之间保持距离的态度"因子（4 个项目）、"接纳并实践体验过程的态度"因子（8 个项目）这 3 个因子，再加上其他不能特定为任何一个因子的项目（4 个项目）构成。而且，福盛和森川在这项研究中进行了 FMS 与高柏（Goldberg，1978）的精神健康调查问卷（The General Health Questionnaire: GHQ）之间的相关性分析，解明了聚焦态度与精神健康的关联。

（3）**尊重体验过程量表的修改版**（Focusing Manner Scale-Revised: FMS-R）（**上西，2009 开发**）

上西为了进行定量调查开发了新的量表。这个量表不是针对聚焦体验，而是针对日常生活中的聚焦态度是什么样的现象或者是什么样的构造这个问题。他参考了 FMS 和其他的量表，与七位研究者进行了探讨，然后设计了项目并进行了统计性的研究。其结果由"接纳并实践体验过程的态度"因子（7 个项目）、"体味体验过程"因子（6 个项目）、"体验的感受"因子（4 个项目）、"设置空间"因子（3 个项目）构成。上西（2009）解明了与 GHQ 以及自我肯定意识量表（平石，1990）的关联。上西（2010a）并且进一步解明了与多伦多述情障碍量表-20 日语版（Toronto Alexithymia Scale-20；TAS-20；小牧他，2003）的关联。上西（2010b）研发了对于暧昧的态度量表，通过协方差结构分析解明了这个量表与 FMS-R 的关联。上西（2009）还使用 FMS-R 通过协方差结构分析解明了日常生活中的聚焦态度的构造。

（4）**日常生活中聚焦体验量表**（Focusing Experience Scale: FES）（**上西，2011 开发**）

上西在用 FMS-R 通过协方差结构分析进行了几个研究之后，为了动态地把握日常生活中的聚焦，开发了 FES。FES 增加了聚焦特有的态度，包含了通过这样的态度所得到的状态或者导致这样的态度的状态。因子分析的结果由"体验的感受"因子（5个项目）、"确保体验过程的确认时间·空间"因子（5个项目）、"接纳和实践体验过程"因子（6个项目）、"体验过程的体味"因子（5个项目）、"领悟"因子（5个项目）、"获得空间"因子（4个项目）构成。并且，上西（2012）通过相关分析解明了 FES 与结构束缚[*]量表（高沢等，2009）的关联。

（5）青木版尊重体验过程量表（Focusing Manner Scale-Aoki version：FMS-A）（青木，2013；Aoki & Ikemi，2014 开发）

关于聚焦态度的定量研究虽然在日本国内频繁地进行，但在海外并不怎么知名。于是青木和池见与海外的研究者共同制作了英语版的 FMS。在制作的过程中，参考上西（2009）的版本增加了教示，并根据共同研究者反向项目的提案以及关于聚焦态度的新见解进行了项目的修正和追加，形成了与 FMS 有一点不同的问卷。所以，与原版的 FMS 不同，日语版取名为 FMS-AJ（青木，2013），英语版取名为 FMS-AE（Aoki & Ikemi，2014）。FMS-AJ 的因子分析的结果由"接纳和实践体验过程"因子（6个项目）、"关注体验过程的态度"因子（7个项目）、"与问题保持距离的态度"因子（3个项目）构成。FMS-AJ 与 GHQ 有显著相关，和原版 FMS 大致结果相同。

（6）尊重体验过程量表修订版（FMS-18）（森川，福盛，永野，2015 开发）

森川等考虑到聚焦态度量表的信度和由因子项目数引起的偏差，从项

---

[*]指当人形成某些自动反应模式，他应对情境的结构就被凝固、被束缚。——译者注

目的易懂性出发制作了原版 FMS 的修订版。其结果由"注意"因子（6个项目）、"接纳"因子（6个项目）、"距离"因子（6个项目）构成。而且，也考虑到了效度，得到了与心理健康量表（西田，2000）、Authentic scale*（Wood et al.，2008）压力测试清单简易版（今津等，2006）之间的相关。

8.3 概观使用聚焦态度问卷进行的研究

如上所述，聚焦态度的问卷，从 FMS 的开发开始，之后几种问卷被开发出来。在这些问卷中，研究上用得最多的是 FMS。因此，这里要以青木等（Aoki & Ikemi，2013）和永野、森川以及福盛（2014）的 FMS 研究为中心来概观使用聚焦态度问卷的研究，介绍关于聚焦态度正在解明的部分。

在开发 FMS 的时候，福盛和森川（2003）假设聚焦态度促进聚焦过程并促进精神健康，于是探讨了 FMS 与 GHQ 的相关关系，解明了聚焦态度与精神健康有积极的关联。有了这个开头，后续的研究中也有许多去探讨与精神健康量表的关联。所以，FMS 研究中最多的，是测定与各种精神健康量表相关系数的研究。河崎和青木（2008）概观之前的这些研究，从聚焦态度与各种各样理论背景的精神健康量表积极相关出发，超越理论论述了聚焦态度与精神健康的关联。而且，关于 FMS 与精神健康量表的研究，不仅限于相关研究，例如有运用多元回归分析探讨聚焦态度对于自我实现与韧性各有什么程度的影响的研究（青木，2008）、在 FMS 与抑郁量表之间运用路径分析的研究（山崎等，2008）、在 FMS 与自信量表之间运用路径分析的研究（斋藤，2009）。这些研究也解明了聚焦态度给精神健康带来的影响。

于是，一个课题浮现上来。聚焦态度作为促进精神健康的要因，真的可以引起变化吗？理想的情况是，希望聚焦态度可以引起变化即促进，从

---

* 该词组在日文原书中没有被翻译，直接用英文，因此在本书也保留了英文。直译或可以译为"真实量表"。——译者注

而可以通过促进聚焦态度来促进精神健康。

我们从已有研究来思考对于这个课题的回答。首先请注意宫本（2009）和青木（Aoki，2011）的研究。宫本比较了高中生和大学生的 FMS 得分。其结果是两者之间没有显著差异。另一方面，青木在大学生与其父母之间进行了同样的研究，其结果其父母的 FMS 得分明显高于大学生。从这两个结果可以看到，虽然从高中到大学短时期内没有变化，但是从大学生到大学生父母世代长时期上有变化。从这些研究可以发现聚焦态度变化的可能性。

作为促进聚焦态度的因素，什么样的体验能与聚焦态度的促进有关呢？关于这个问题，请注意植中（2009）和三上等人（2008）的研究。植中在以人为中心疗法专业的大学老师的研修生与不是这个专业的大学老师的研修生之间进行了比较，研究了四个月前一后的 FMS 得分。其结果是在任何点上都没有显著差异。另一方面，三上等人不是从聚焦而是从聚焦取向心理治疗的视角研究了所策划的企业研修前后 FMS 得分的差异。其结果是企业研修后 FMS 得分明显高了。从这些研究可以认为，没有特地介入聚焦态度就不会有什么变化，但是有了聚焦取向的介入就可以促进聚焦的态度。

但是，三上等人调查的企业研修是聚焦取向观点的运用，不是教学聚焦或者在研修中导入聚焦体验。原本以问卷测定的聚焦态度能反映聚焦的能力（focusing ability）吗？关于这个课题，希望能从中垣（2007）和河崎（2010）的研究以及青木等（Aoki & Ikemi，2014）的研究思考一下。中垣和河崎对 FMS 的得分与克莱茵等（Klein et al.，1969）的体验过程量表（Experiencing Scale: EXP 量表）的得分进行了相关分析，探讨了聚焦态度与聚焦能力之间的关联。中垣通过研究在两者之间发现了显著的正相关。河崎对中垣的研究进行了追研究，但是没有发现两者明显的相关。在这些研究中，调查协作者的数量少也是问题点。而且 EXP 得分的换算需要几个评分者，要花费许多劳力。因此，募集许多调查协作者进行调查非常困难。

考虑到这些情况，青木等在聚焦培训师与和他们同时代没有聚焦经验的人之间比较了他们的聚焦态度。聚焦培训师是受过聚焦训练的人，另一些人是没有受过聚焦训练的。因此，他们认为通过这两者之间的比较可以研究出聚焦态度是否能反映聚焦的能力。这个研究结果解明了聚焦培训师明显具有聚焦态度。

从以上概观我们可以明确地说，聚焦态度是可以改变的。聚焦态度反映着聚焦的能力。通过聚焦取向的介入可以促进聚焦态度。押江（2014）通过以非临床群体的大学生为对象做的调查研究，制作了关于中田（2005）的问题意识性的量表，并在 FMS 与自我实现量表之间通过结构方程模型进行了路径分析。其结果解明了在心理治疗上对于要体味自身问题意识的来访者来说，如果能够促进其关注体验过程则会导致心理上的成长，否则会导致心理成长的阻滞。研究显示，在心理治疗中关注聚焦态度、促进聚焦态度的工作是有效果的。不过，还没有研究表明这样的聚焦视角在以实际临床群体为对象的案例中具有意义。因此，作为今后的课题，我们也需要从聚焦态度的视角探讨案例，具体地揭示什么样的治疗师与来访者的互动对于聚焦态度的促进是有效的，并在对临床群体的干预中活用研究结果。

8.4 小结

本节解说了关于聚焦态度的研究。聚焦态度究竟是什么？在 FMS 中测定了三个侧面。这些是"感触〈感觉〉"侧面、"与〈感觉〉保持适切的距离"侧面，然后是"从〈感觉〉出发来行动"侧面。在本节中可以看到，这些都与以种种问卷法测定的健康量表明显相关。可以说"通过重视感觉来生活"的重要性在这里得到了佐证。

后　　记

　　对于"临床心理学""临床心理师",读者有什么样的意象呢?这个词是英语 Clinical Psychology 的译语,如果今天允许直接地改译的话,可以把它翻作"医院的心理学"吧。美国的 Clinical 心理学明确是医院临床的心理学,但是日本的"临床心理学"的印象总好像有点不同。就像"临床心理师"作为学校心理咨询师在学校做心理咨询那样,"临床"并不限定在医院。也许日本的读者一听到"临床心理师"会有"心理咨询师"等进行心理治疗的"心理治疗师"的印象。所以本书在文中用了"心理咨询师""治疗师""心理治疗师"的表达,而没有用"临床心理师""心理师"的表达。本书谈的中心是心理治疗,不是医院临床的心理学。

　　对于笔者来说,书名的"心理临床学"比起"临床心理学"感觉上更接近实际。相对于医院临床的"临床心理学","心理临床学"这个词强调了"心理学的临床"。也就是说,这是关于运用心理学的知识和方法、不限制在医院临床、是在各个领域援助和支持的学问。如果是要表达这样的意思的话,还是"心理临床学"贴切。而且说到这种场合的援助,当然指的是心理治疗。

　　本书可谓大胆的主张是要把这个"心理临床学"也就是心理治疗诸理论更新换代。那是什么意义上的更新换代呢?

　　在当今的社会中,我们看到某个东西、想到某件事情的时候,会有把它们当作像具有某种构造的工业制品那样的倾向。然后会问,"这是谁做的?""什么时候做的?""怎么做的?""故障的原因是什么?"视线的对象如果是杯子或者电脑那样的实际的工业制品,这些或许是妥当的提问。但是，如果眼前是森林的树木、河里的流水或是在河边行走的野猪，这些提问还妥当吗？如果眼前是人的"心"，也就是具体被体验被感受到的现象，这些提问的妥当性会越来越受到质疑。

"心的结构""心的构造""原因"——心理临床学或许过于拘泥于这些了。说白了，叫做"心"的东西不是机械，并没有结构。"心"也不是构造体。而且，它也不是只依原因而动。原因论、构造论、说明性的概念，这些东西是不是太多了呢？而且这些东西正在把我们的视线从表达实际现象上移开。

这里有一个诉说"孤单"的来访者，我可以坐在他的身旁感受孤单的深处。但是如果一开始想来访者"孤单的原因""感受到孤单的性格构造"，我就不在这个场了。来访者立刻觉察到我的存在感不在了，于是又沉浸到孤独自闭的孤单中去了。回到实际〈感受到的〉地方而不是原因和构造，这是本书的更新换代之处。在重视〈感觉·说话·倾听〉的基本性质的基础上再来考虑心理临床吧。简单地说，本书提倡这样的更新换代。

在倾听方面，本书的更新换代不正是今天日本切实需要的吗？正如本文所说，在日本一般教学的倾听或者"心理咨询"根据的是卡尔·罗杰斯1957年或者1959年的论文，但是卡尔·罗杰斯自己1975年的更新换代，我在心理临床学或心理咨询的教科书里却未曾看见，为什么呢？

要理解罗杰斯1975年的"共感性理解的再定义"，有必要理解尤金·简德林的"倾听指南"和"聚焦"。这三个东西如果不结合起来的话，就不能充分理解罗杰斯1975年的"再定义"的意义。许多日本的教科书断定罗杰斯的心理咨询与简德林的聚焦是分别不同的东西，所以不能理解这个关联。因此，本书把20世纪50年代的倾听更新换代到了20世纪70年代。不过，本书的更新换代不会到此就结束。

简德林从20世纪90年代后半起，开始减少了参加心理治疗有关的学会以及发表关于心理治疗论文。他要把精力放到他自身哲学的写作上。本书援引了他的哲学来解说他20世纪70年代发表的倾听以及聚焦的背景。

后记

2000年以后，我也开始发表自己关于心理治疗的研究，尤其是2010年以后我每年都不断地在英美的专业刊物上发表关于心理治疗的新的研究。似乎我是在用"英语频道"思考理论。在把这些理论表达为日语之前，新的理论展开又在我的英语频道中呈现，想法用英语在不断地推进。其结果感觉好像是把许多日本的同行们和读者们"撇下了"。本书是把我2010年以后的理论展开用日语总结的一种形式。

在我的内在成长起来的东西不仅是理论的展开。在2007年我提倡被称作"体验过程风格的剪贴"的艺术聚焦实践，然后2012年发表了"汉字聚焦"，从2015年起开始着手"青空聚焦"的实践。在本书中解说了我开发的新的聚焦实践的一部分，介绍了不断更新换代的聚焦实践的一角。

更新换代今后也还会继续下去。通过包括关西大学研究生们在内的日本全国的研究者、实践者的努力，聚焦的研究和实践正在一点一点地持续前进。在本书校对期间发行的美国心理学会（APA）编的最新的人本心理学手册聚焦取向心理治疗的章节中，包括关西大学研究生们的研究在内，日本的许多研究被介绍了。其参考文献的四成左右是日本的研究。而且，本书是由和我一起研究的关西大学大学院心理学研究科的博士后期课程毕业者以及现在在读的全员共同执笔的。他们的研究和临床实践对我来说成了很大的激励，我认为这种相互作用使得我能够不断提出新的理论和方法。今后通过包括他们在内的日本以及世界的研究者们的手，倾听、心理临床学以及聚焦的更新换代会像洪流一样长流不息。在感谢所有这些、感受乘上洪流的幸福的同时，我也毫不吝惜地把我的精力和智慧倾注在这洪流之中。我带着自信向世间奉献这一本著作。

编著者　池见　阳
2015年12月11日

参 考 文 献

第 1 章

Breuer, J. & Freud, S. (1883/1955): Studies in Hysteria, James Strachey (Trans.) in *Standard Edition of the Complete Psychological Works of Sigmund Freud Vol.I*, London, Hogarth Press.

Freud, S. & Breuer, J. (1883/1955/1974): *Studies in Hysteria*, James Strachey (Trans.), London, Penguin Books (Pelican Book Edition).

Freud, S. (1901/1960): The Psychopathology of Everyday Life, James Strachey (Trans.) in *Standard Edition of the Complete Psychological Works of Sigmund Freud Vol.VI*, London, Hogarth Press.

Freud, S. (1905/1953): Three Essays on the Theory of Sexuality, James Strachey (Trans.) in *Standard Edition of the Complete Psychological Works of Sigmund Freud Vol. VIII*, London, Hogarth Press.

Freud, S. (1915/1963): Papers on Metapsychology, James Strachey (Trans.) in *Standard Edition of the Complete Psychological Works of Sigmund Freud Vol.XIV*, London, Hogarth Press.

Freud, S. (1916/1961): Introductory Lectures on Psychoanalysis I & II, James Strachey (Trans.) in *Standard Edition of the Complete Psychological Works of Sigmund Freud Vol.XV*, London, Hogarth Press.

Freud, S. (1920/1955): Beyond the Pleasure Principle, James Strachey (Trans.) in *Standard Edition of the Complete Psychological Works of Sigmund Freud Vol.XVIII*, London, Hogarth Press.

Freud, S. (1916/1961): The Ego and the Id, James Strachey (Trans.) in *Standard Edition of the Complete Psychological Works of Sigmund Freud Vol.XIX*, London, Hogarth Press.

Freud, S. (1927/1961): Civilization and its Discontents, James Strachey (Trans.) in *Standard Edition of the Complete Psychological Works of Sigmund Freud Vol.XXI*, London, Hogarth Press.

Freud, S. (1933/1964) New Introductory Lectures on Psychoanalysis, James Strachey

(Trans.) in *Standard Edition of the Complete Psychological Works of Sigmund Freud Vol.XXII,* London, Hogarth Press.

Ikemi, A. (2005): Carl Rogers and Eugene Gendlin on the bodily felt sense: what they share and where they differ. *Person Centered and Experiential Psychotherapies 4 (1) 31-42.*

Ikemi, A. (2013): Sunflowers, sardines and responsive combodying: three perspectives on embodiment. *Person Centered and Experiential Psychotherapies 13 (2) 116-121.*

池見　陽（2012）：「ヒューマニスティック・サイコロジーと東洋」日本人間性心理学会編「人間性心理学ハンドブック」創元社.

池見　陽（2015）：「中核三条件、とくに無条件の積極的関心が体験される関係のあり方」飯長喜一郎監修　『受容：カウンセリングの本質を考える２』創元社。

Ricoeur, P. (1970): *Freud & Philosophy: An Essay on Interpretation,* Denis Savage Trans., New Haven, Yale University Press.

Rogers, C. (1951): *Client-Centered Therapy: Its Current Practice, Implications and Theory,* Boston, Houghton-Mifflin.

Rogers, C. (1957): The necessary and sufficient conditions of therapeutic personality change, *Journal of Consulting Psychology* 25: 95-103.

Rogers, C. (1961): *On Becoming a Person,* Boston, Houghton-Mifflin.

Rogers, C. (1977): The politics of the helping professions. In Kirschenbaum, H. and Henderson, V. (Eds.) *The Carl Rogers Reader,* Boston, Houghton-Mifflin.

Rogers, C. (1980): *A Way of Being,* Boston, Houghton-Mifflin.

Rogers, C. (1986): Reflections on feelings and transference. In Kirschenbaum, H. and Henderson, V. (Eds.) *The Carl Rogers Reader,* Boston, Houghton-Mifflin.

Stevens, R. (2008): *Sigmund Freud: Examining the Essence of his Contribution* (Revised Edition), London, Palgrave McMillian.

Bruch, M., & Bond, F. W. (Eds.) (1999). *Beyond diagnosis: Case formulation approaches in CBT.* New York: John Wiley & Sons.（下山晴彦（編訳）（2006）．認知行動療法ケースフォーミュレーション入門　金剛出版）

Kabat-Zinn, J. (1990). *Full catastrophe living.* New York: Bantam.

Kabat-Zinn, J. (*1994). Wherever you go, there you are*: *Mindfulness meditation in everyday life.* New York: *Hyperion.*（田中麻里（監訳）　松丸さとみ（訳）（2012）．マインドフルネスを始めたいあなたへ　星和書店）

Kabat-Zinn, J. (1999). *Full catastrophe living.* New York: Delacort Press.（春木　豊（訳）（2007）．マインドフルネスストレス低減法　北大路書房）

武藤　崇（2011）．フォーカシングとの小さな一歩：体験過程的アプローチとしてのACT　武藤　崇（編）　ACTハンドブックー臨床行動分析によるマインドフルなアプローチー　星和書店　pp. 303 - 317.

Segal, Z. V., Williams, J. M. G., & Teasdale, J. D. (2002). *Mindfulness-based cognitive therapy for depression:A new approach to preventing relapse.* New York: Guilford Press.（越川房子（監訳）(2007). マインドフルネス認知療法ーうつを予防する新しいアプローチー　北大路書房）

中島義明・安藤清志・子安増生・坂野雄二・繁桝算男・立花政夫・箱田裕司(編)　(1999).　心理学辞典　有斐閣

氏原　寛・亀口憲治・成田善弘・東山紘久・山中康裕（共編）(2004). 心理臨床大事典（改訂版）　培風館

Watson, J. B., & Rayner, R. (1920): Conditioned emotional reactions. *Journal of Experimental Psychology*, **3**, 1–14.

Weishaar, M. (1993). *Aaron T. Beck, key figures in counselling and psychotherapy.* London: Sage.（大野　裕（監訳）　岩坂　彰・定延由紀（訳）(2009). アーロン・T・ベック認知療法の成立と展開　創元社）

第2章

Gendlin, E.T. (1962/1997). *Experiencing and the creation of meaning: A philosophical and psychological approach to the subjective.* Evanston, Illinois: Northwestern University Press. (Northwestern University Press edition).

Gendlin, E.T. (1964). A theory of personality change. In P. Worchel & D. Byrne (eds.), *Personality change.* New York: John Wiley & Sons.

Gendlin, E.T. (1973a). Experiential psychotherapy. In R. Corsini (Ed.), *Current psychotherapies.* Itasca, IL: Peacock.

Gendlin, E.T. (1973b). Experiential phenomenology. In M. Natanson (Ed.), *Phenomenology and the social sciences. Vol. I*:281-319. Evanston: Northwestern University Press.

Gendlin, E.T. (1997) *A Process Model.* New York, The Focusing Institute.

Ikemi, A.: (2013): You Can Inspire Me to Live Further: Explicating Pre-reflexive Bridges to the Other. In Cornelius-White, J., Motschnig-Pitrik, R., Lux, M. (Eds.) *Interdisciplinary Handbook of the Person-Centered Approach: Research and Theory*, New York, Springer.

Ikemi, A. (2014): Responsive Combodying, Novelty and Therapy: Response to Nick Totton's Embodied Relating, the Grounds of Psychotherapy *International Body Psychotherapy Journal: The Arts and Science of Somatic Praxis* Vol.13 (2): 116-121.

池見　陽（1995）：心のメッセージを聴く：実感が語る心理学　講談社現代新書

第3章

Barker, P. (1985). *Using metaphors in psychotherapy.* New York: Brunner/Mazel.（堀　恵・石川　元（訳）（1996）．精神療法におけるメタファー　金剛出版）

Cornell, A. W. (2013). *Focusing in clinical practice: The essence of change.* New York: W.W. Norton.（大沢美枝子・木田麻里代・久羽　康・日笠摩子（訳）（2014）．臨床現場のフォーカシング　変化の本質　金剛出版）

de Shazer, S. (1994). *Word were originally magic.* New York: W.W. Norton.（長谷川敬三（監訳）（2000）．解決志向の言語学――言葉はもともと魔法だった　法政大学出版局）

Dilthey, W. (1927). *Der Aufbau der geschichtlichen Welt in den Geisteswissenschaften* (Gesammelte Schriften. Band 7). Stuttgart: B.G.Teubner.（西谷　敬（訳）（2010）．西村　皓（編）　世界観と歴史理論（ディルタイ全集　第4巻）　法政大学出版局）

土井晶子（2007）．フォーカシング指向心理療法における「体験的傾聴」の特質と意義――語りに「実感」が伴わないクライエントとの面接過程から――　人間性心理学研究, **24**(1), 11–22.

Ebel, R. L. (1951). Estimation of the reliability of ratings. *Psychometrika*, **16**, 407–424.

Fink, B. (1995). *The Lacanian subject: Between language and jouissance.* Princeton, NJ: Princeton University Press.（村上靖彦（監訳）小倉拓也・塩飽耕規・渋谷　亮（訳）（2013）．後期ラカン入門：ラカン的主体について　人文書院）

Freud, S. (1900/1953). *The interpretation of dreams.* (Standard edition of the complete psychological works of Sigmund Freud. Vols.4–5.). Stachey, J. (Trs. & Ed.) London: Hogarth Press.

深田　智・仲本康一郎（2008）．概念化と意味の世界　研究社

Gendlin, E. T. (1950). Wilhelm Dilthey and the problem of comprehending human significance in the science of man. Master's thesis. University of Chicago, Department of Philosophy.

Gendlin, E. T. (1961). Experiencing: A variable in the process of therapeutic change. *American Journal of Psychotherapy*, **15**(2), 233–245.（村瀬孝雄（訳）（1966）．体験過程：治療による変化における一変数　村瀬孝雄（編）　体験過程と心理療法　牧書店　pp. 19–38.）

Gendlin, E. T. (1962/1997). *Experiencing and the creation of meaning.* Evanston, IL: Northwestern University Press.（筒井健雄（訳）（1993）．体験過程と意味の創造　ぶっく東京）

Gendlin, E. T. (1964). A theory of personality change. In P. Worchel & D. Byrne (Eds.),

Personality change. New York: Jon Wiley & Sons.（池見　陽・村瀬孝雄（訳）(1999)．セラピープロセスの小さな一歩　金剛出版）

Gendlin, E. (1986). *Let your body interpret your dreams.* Wilmette, IL: Chiron.(村山正治（訳）(1988)．夢とフォーカシング　福村出版）

Gendlin, E. (1995). Crossing and dipping: some terms for approaching the interface between natural understanding and logical formulation. *Minds and Machines*, **5**(4), 547–560.

Gendlin, E. T. (1996). *Focusing-oriented psychotherapy: A manual of the experiential method.* New York: Guilford.（村瀬孝雄・池見　陽・日笠摩子（監訳）(1998)．フォーカシング指向心理療法上　金剛出版）

Gendlin, E. T., Tomlinson, T. M., Mathieu, P. L., & Klein, M. H. (1967). A scale for the rating of experiencing. In C. R. Rogers (Ed.), *The therapeutic relationship and its impact: A study of psychotherapy with schizophrenics.* Madison, WI: University of Wisconsin Press. pp.589–592.（友田不二男・手塚郁恵（訳）(1972)．サイコセラピィの研究：分裂病へのアプローチ　ロージァズ全集　別巻1b　岩崎学術出版社）

Guilford, J. P. (1954). *Psychometric methods.* New York: McGraw-Hill.（秋重義治（監訳）(1959)．精神測定法　培風館）

Gibbs, R. W. (1994). *The poetics of mind : Figurative thought, language, and understanding.* New York: Cambridge University Press.（辻　幸夫・井上逸兵（監訳）(2008)．小野　滋・出原健一・八木健太郎（訳）比喩と認知：心とことばの認知科学　研究社）

Hendricks, M. N. (1986). Experiencing level as a therapeutic variable. *Person-Centered Review*, **1**, 141–162.（大田民雄（訳）(1991)．治療変数としての体験過程レベル　フォーカシング・セミナー　福村出版 pp. 150–174.）

Hendricks, M. H. (2001). Focusing-oriented/experiential psychotherapy. In D. J. Cain, & J. Seeman (Eds.), *Humanistic psychotherapy: Handbook of research and practice.* Washington, DC: American Psychological Association. pp. 221–251.

池見　陽・田村隆一・吉良安之・弓場七重・村山正治 (1986)．体験過程とその評定：EXPスケール評定マニュアル作成の試み　人間性心理学研究, **4**, 50–64.

池見　陽 (1998)．産業メンタルヘルスと傾聴教育　産業精神保健, **6**(4), 245–248.

池見　陽 (1993)．人間性心理学と現象学：ロジャーズからジェンドリンへ　人間性心理学研究, **11**(2), 37–44.

Kabat-Zinn, J. (1990). *Full catastrophe living.* New York: Delacorte Press.（春木　豊（訳）(2007)．マインドフルネスストレス低減法　北大路書房）

北山　修 (1993)．言葉の橋渡し機能およびその壁（日本語臨床の深層　第2巻）

岩崎学術出版社

Kiesler, D. J. (1971). Patient experiencing and successful outcome of schizophrenics and psychoneurotics. *Journal of Consulting and Clinical Psychology*, **37**, 370–385.

吉良安之・田村隆一・岩重七重・大石英史・村山正治（1992）．体験過程レベルの変化に影響を及ぼすセラピストの応答―ロジャースのグロリアとの面接の分析から―　人間性心理学研究，**10**(1), 77–90.

Klein, M. H., Mathieu, P. L., Kiesler, D. J., & Gendlin, E. T. (1970). *The experiencing scale: A research and training manual* (vol.1). Madison, WI: Wisconsin Psychiatric Institute, Bureau of Audio Visual Instruction.

Klein, M. H., Mathieu-Coughlan, P. L. & Kiesler, D. J. (1986). The experiencing scales. In L. Greenberg, & W. Pinsof (Eds.), *The psychotherapeutic process: A research handbook*. New York: Guilford Press. pp. 21–71.

久保田進也・池見　陽（1991）．体験過程の評定と単発面接における諸変数の研究　人間性心理学研究，**9**, 53–66.

Lakoff, G., & Johnson, M. (1980). *Metaphors we live by*. Chicago, IL: University of Chicago Press.（渡部昇一・楠瀬淳三・下谷和幸（訳）（1986）．レトリックと人生　大修館書店）

三宅麻希（2003）．体験過程の様式の文献的研究―関係認知との関連を中心に　ヒューマンサイエンス，**6**, 17–24.

三宅麻希・田村隆一・池見　陽（2008）．5段階体験過程スケール評定マニュアル作成の試み　人間性心理学研究，**25**(2), 193–127.

三宅麻希（2007）．カウンセリング導入と体験過程様式についての一考察―フォーカシングを中心としたトライアルカウンセリングセッションを用いて―　産業カウンセリング研究，**9**(1), 39–46.

三宅麻希・松岡成行（2007）．セラピスト・フォーカシングにおけるケース理解の体験過程様式：対人援助職とのフォーカシング・パートナーシップの1セッションからの考察　文学部心理学論集，第1号，59–71.

中田行重（1999）．体験過程スケール　村山正治（編）現代のエスプリ，**362**, 50–60.

岡村心平（2013）．なぞかけフォーカシングの試み―状況と表現が交差する"その心"―　サイコロジスト：関西大学臨床心理専門職大学院紀要，**3**, 1–10.

岡村心平（2015）．Gendlinにおけるメタファー観の進展　サイコロジスト：関西大学臨床心理専門職大学院紀要，**5**, 9–18.

Purton, C. (2004). *Person-centred therapy: The focusing-oriented approach*. New York: Palgrave Macmillan.（日笠摩子（訳）（2006）．パーソン・センタード・セラピー：フォーカシング指向の観点から　金剛出版）

Rennie, D. L. (1998). *Person-centred counselling : An experiential approach*. London:

Sage.

Richars, I. A. (1936/1964). *The philosophy of rhetoric*. Oxford, UK: Oxford University Press.（石橋幸太郎（訳）(1961)．新修辞学原論　南雲堂）

佐藤信夫（1992）．レトリック感覚　講談社

Stott, S., Mansell, W., Salkovskis, P., & Lavender, A. (2010). *Oxford guide to metaphors in CBT: Building cognitive bridges*. New York: Oxford University Press.

田村隆一（1994）．体験過程レベルと治療関係―EXPスケールによる事例の分析と考察　福岡大学人文論叢, **26**(2), 391–402.

田中秀男（2004a）．ジェンドリンの初期体験過程理論に関する文献研究：心理療法研究におけるディルタイ哲学からの影響（上）　図書の譜：明治大学図書館紀要, **8**, 56–81.

田中秀男（2004b）．「直接のレファランス」の「直接の」って？：「レファランス」と「照合」の異同を見定める　The Focuser's Focus：日本フォーカシング協会ニュースレター, **7**(2), 1–6.

Törneke, N. (2009). *Learning RFT: An introduction to relational frame theory and its clinical application*. Thousand Oaks, CA: New Harbinger Publications.（山本淳一（監修）武藤　崇・熊野浩昭（監訳）(2013)．関係フレーム理論(RFT)をまなぶ―言語行動理論・ACT入門　星和書店）

土江正司・ますいゆうこ（2008）．こころの天気を感じてごらん―子どもと親と先生に贈るフォーカシングと「甘え」の本　コスモス・ライブラリー．

Worsley, R. (2012). Narratives and lively metaphors: Hermeneutics as a way of listening. *Person-Centered & Experiential Psychotherapies*, **11**(4), 304–320.

山梨正明（2012）．認知意味論研究　研究社

第4章

Freud, S. (1910/1957). Leonardo da Vinci and a memory of his childhood. In The Standard Edition of the Complete Works of Sigmund Freud, Vol. XI (James Strachey, Ed. and Trans.; p. 100). London: Hogarth Press.

Gendlin, E.T. (1964). A theory of personality change. In P. Worchel & D. Byrne (eds.), *Personality change*, pp. 100-148. New York: John Wiley & Sons.

Gendlin, E.T. (1996). *Focusing-Oriented Psychotherapy,* New York, Guilford Press.

Gendlin, E.T. (1997). The responsive order: A new empiricism. *Man and World,* 30 (3), 383-411.

Gendlin, E. T. (1981/2007). *Focusing.* New York: Bantam Books. (Revised edition, 2007)

Gendlin, E.T. (1986). Process ethics and the political question. In A-T. Tymieniecka (Ed.), *Analecta Husserliana. Vol. XX. The moral sense in the communal significance of life*, pp. 265-275. Boston: Reidel.

Ikemi, A. (2011): Empowering the Implicitly Functioning Relationship. *Person-Centered & Experiential Psychotherapies,* 10 (1): 28-42

Ikemi, A.: (2013a): You Can Inspire Me to Live Further: Explicating Pre-reflexive Bridges to the Other. In Cornelius-White, J., Motschnig-Pitrik, R., Lux, M. (Eds.) *Interdisciplinary Handbook of the Person-Centered Approach: Research and Theory,* New York, Springer, pp.131-140.

Ikemi, A.: (2014a): Sunflowers, sardines and responsive combodying: three perspectives on embodiment, *Person-Centered & Experiential Psychotherapies* Vol.13 (1):19-30.

Ikemi, A. (2014b): A Theory of Focusing Oriented Psychotherapy in *Theory and Practice of Focusing-Oriented Psychotherapy: Beyond the Talking Cure* Ed. Greg Madison, London, Jessica Kingsley Publishers, pp.22-35.

池見　陽（2010）.「僕のフォーカシング＝カウンセリング：ひとときの生を言い表す」創元社.

三村尚彦（2011）. そこにあって、そこにないもの：ジェンドリンが提唱する新しい現象学。フッサール研究 9：15-27

Ovid. (2004). Metamorphoses. London: Penguin Classics Edition. (Ovid: Publius Ovidius Naso, 47BC–17AD, ここに解説された作品は 8AD. に書かれたと考えられている）.

Rogers, C. R. (1942). *Counseling and psychotherapy: Newer concepts in practice.* Boston: Houghton Mifflin.

Rogers, C. (1942/1989). The use of electrically recorded interviews in improving psychotherapeutic techniques. In H. Kirschenbaum, & V. L. Henderson (Eds.) , *The Carl Rogers reader.* Boston, MA: Houghton Mifflin.（サイコセラピー技術の改善における電気録音面接の利用　伊東　博・村山正治（監訳）池見　陽（訳）(2001). ロジャーズ選集（上）誠信書房）

Rogers, C. (1980): *A Way of Being,* Boston, Houghton-Mifflin.

Rogers, C. (1986): Reflections on feelings and transference. In Kirschenbaum, H. and Henderson, V. (Eds.) *The Carl Rogers Reader,* Boston, Houghton-Mifflin.Henderson (Eds.), The Carl Rogers reader (pp. 127–134). Boston: Houghton Mifflin.

Schmid, P.F., & Mearns, D. (2006). Being-with and being-counter: Person-centered psycho- therapy as an in-depth co-creative process of personalization. Person-Centered and Experiential Psychotherapies, 5, 174–190.

第 5 章

Cornell, A. W. (1996).「フォーカシング入門マニュアル」金剛出版.

コーネル，A. W.（1996）：「フォーカシングガイド・マニュアル」金剛出版．

コーネル，A. W.（1999）：「やさしいフォーカシング：自分でできるこころの処方」コスモスライブラリー．

福島伸泰（2015）．"Genuineness"と純粋性をめぐる一考察： Genuineなセラピストは人格者なのか．サイコロジスト：関西大学臨床心理専門職大学院紀要5：119–128．

Gendlin, E. T. (1973). Experiential psychotherapy. In R. Corsini (Ed.), *Current psychotherapies*. Itasca, IL: Peacock. pp. 317–352.

Gendlin, E. T. (1981/2007). *Focusing.* New York: Bantam Books. (Revised edition, 2007).

Gedlin, E. T. (1981). *Focusing* (2nd ed.). Toronto: Bantam Books.（村山正治・都留春夫・村瀬孝雄（訳）(1982)．フォーカシング 福村出版）

Gendlin, E. T. (1996). *Focusing-oriented psychotherapy: A manual of the experiential method.* New York: Guilford Press.

Gendlin, E. T. (1997). How philosophy cannot appeal to experience, and how it can. In D. Levine(Ed.), *Language beyond postmodernism: Saying and thinking in Gendlin's Philosophy.* Evanston, IL: Northwestern University Press. pp.3–41.

Grindler Katonah, D. (2010). Direct engagement with the cleared space in psychotherapy. *Person-Centered and Experiential Psychotherapies*, 9 (2), 157–168.

Ikemi, A. (2005). Carl Rogers and Eugene Gendlin on the bodily felt sense: what they share and where they differ. *Person-Centered and Experiential Psychotherapies*, 4 (1),31-42.

Ikemi, A. (2015). Space presencing: A potpourri of focusing, clearing a space, mindfulness and spirituality. *The Folio: A Journal for Focusing and Experiential Therapy*, **26**(1), 66–73.

池見　陽（1995）．心のメッセージを聴く：実感が語る心理学　講談社

池見　陽（2009）．ユージン・ジェンドリンの心理療法論：体験・表現・理解が実践される体験過程　ティルタイ研究，**20**，45‐62．

池見　陽（2015）．スペースをめぐる臨床と瞑想―アレクシソミアへの話題提供―〈身〉の医療，**1**，60‐‐67．

池見　陽（2015b）．中核三条件，とくに無条件の積極的関心が体験される関係のあり方『ロジャーズの中核三条件〈受容：無条件の積極的関心〉：カウンセリングの本質を考える2』飯長喜一郎監修，坂中正義，三國牧子，本山智敬編，創元社．

池見　陽・ラパポート，L．・三宅麻希（2012）．アート表現のこころ：フォーカシング指向アートセラピーetc．誠信書房

河﨑俊博・池見　陽（2014）．非指示的心理療法の時代に観られるCarl RogersのReflection という応答　Psychologist：関西大学臨床心理専門職大学院紀要，

4, 21‐30.

Klein, M. H., Mathieu-Coughlan, P. L., & Kiesler, D. J.(1986). The experiencing scales. In Greenberg, L., & Pinsof, W. (Ed.), *The psychotherapeutic process: A research handbook*. New York: Guilford Press. pp. 21–71.

増井武士（1995）．治療関係における間の活用　星和書店

増井武士（2007）．こころの整理学ー自分でできるこころの手当ー　星和書店

中田行重（2013）．Rogersの中核条件に向けてのセラピストの内的努力：共感的理解を中心に．心理臨床学研究，**30**(6)，865-876.

德田完二（2009）．収納イメージ法　創元社

Rogers, C. R. (1942). *Counseling and psychotherapy: Newer concepts in practice*. Boston, MA: Houghton Mifflin.

Rogers, C.R. (1951). *Client-Centered Therapy: Its Current Practice, Implications and Theory,* Boston, Houghton Mifflin.

Rogers, C.R. (1957). The necessary and sufficient conditions of therapeutic personality change. Journal of Consulting Psychology 21:95-103.

Rogers, C.R. (1959). A theory of therapy, personality and interpersonal relationships, as developed in the client-centered framework, in S. Koch (Ed.) *Psychology: A Study of a Science, Study 1.Vol.3*, pp.184-256.

Rogers, C.R. (1960). *On Becoming a Person,* Boston, Houghton Mifflin.

Rogers, C.R. (1975). "Empathic: an unappreciated way of being", *The Counseling Psychologist* 5 (2): 2-10.

Rogers, C.R. (1980). *A way of being.* Boston, Houghton Mifflin.

Rogers, C. R. (1986). Reflection of feelings and transference. In H. Kirshenbaum, & V. Henderson (Eds.), *The Carl Rogers Reader*. New York: Houghton Mifflin. pp .127–134.

德田完二 (2009). 収納イメージ法　創元社

第 6 章

Blazier, D. (2002). *The feeling buddha: A buddhist psychology of character, adversity and passion,* New York: Palgrave.

藤田一照・山下良道（2013）．アップデートする仏教　幻冬舎

Gray, L. (2014). *New world meditation: Focusing-mindfulness-healing-awakening.* Los Angeles,CA: New Buddha Book.

Hahn, T. N. (1975). *The miracle of mindfulness.* Boston, MA: Beacon Press.

Hahn, T. N. (1975). *Breath, you are alive: The sutra on the full Awareness of breathing.* Berkeley, CA: Parallax Press.

羽田野瑛子（2015）．自分の特徴を振り返るツールとしてのカンバセーション・ドローイング：前反省的な体験を反省的に覚知する Psychologist関西大学臨床心理専門職大学院紀要, **5**, 19–27.

Ikemi, A. (2013). You can inspire me to live further: Explicating pre-reflexive bridges to the other. In J. Cornelius-White, R. Motschnig-Pitrik, & M. Lux (Eds.), *Interdisciplinary handbook of the person-centered approach: Research and theory.* New York: Springer. pp.131–140.

Ikemi, A. (2014). A theory of focusing oriented psychotherapy. In G. Madison (Ed.), *Theory and practice of focusing-oriented psychotherapy: Beyond the talking cure.* London: Jessica Kingsley Publishers.

Ikemi, A. (2015a). Space presensing: a potpourri of focusing, clearing a space, mindfulness and spirituality. *The Folio: A Journal for Focusing and Experiential Therapy*, **26**(1), 66–73.

Ikemi, A. (2015b). Blue sky focusing. Paper presented at the 26 th International Focusing Conference, Seattle, August 2015.

池見　陽（2010）．僕のフォーカシング＝カウンセリング：ひとときの生を言い表す　創元社

池見　陽（2015）．スペースをめぐる臨床と瞑想　〈身〉の医療, **1**, 60–67. http://ratik.org/wp-content/uploads/ikemi2015.pdf

森川友子（編著）（2015）．「フォーカシング健康法：こころとからだが喜ぶ創作ワーク集」誠信書房.

村山正治（監修）（2013）．「フォーカシングはみんなのもの：コミュニティを元気にする31の方法」日笠摩子、堀尾直美、高瀬健一、小坂淑子（編）創元社．

Rappaport, L. (2009). *Focusing-oriented art therapy*. London: Jessica Kingsley Publishers.（池見　陽・三宅麻希（監訳）（2009）．フォーカシング指向アートセラピー　誠信書房）

Rappaport, L. (2013). *Mindfulness and the arts therapies*. London: Jessica Kingsley Publishers.

Rome, D. (2014). *Your body knows the answer: Using your felt sense to solve problems, effect change and liberate creativity.* Boston, MA: Shambhala Publications.

山下良道（2014）．青空としてのわたし　幻冬舎

Ikemi, A. (2015). Space presensing, a potpourri of focusing, clearing a space, mindfulness and spirituality. *The Folio: A Journal for Focusing and Experiential Therapy*, **26**(1), 66–73.

池見　陽（2015）．スペースをめぐる臨床と瞑想　〈身〉の医療, **1**, 60–67. <http://ratik.org/wp-content/uploads/ikemi2015.pdf>

Rogers, C. (1942/1989). The use of electrically recorded interviews in improving psychotherapeutic techniques. In H. Kirschenbaum, & V. L. Henderson (Eds.), *The Carl Rogers reader*. Boston, MA: Houghton Mifflin.（サイコセラピー技術の改善における電気録音面接の利用　伊東　博・村山正治（監訳）池見　陽（訳）(2001)．ロジャーズ選集（上）　誠信書房）

Rogers, C. (1986/1989). Reflections of feelings and transference. In H. Kirschenbaum, & V. L. Henderson (Eds.) *The Carl Rogers reader*. Boston, MA: Houghton Mifflin Company.（伊東　博・村山正治（監訳）池見　陽（訳）(2001)．気持ちのリフレクション（反映）と転移　「ロジャーズ選集（上）」）誠信書房）

藤田一照・山下良道（2013）．アップデートする仏教　幻冬舎

Gendlin, E. T. (1990). The small steps of the therapy process: How they come and how to help them come. In G. Lietaer, J. Rombauts, & R. Van Balen (Eds.), *Client-centered and experiential psychotherapy in the nineties*. Leuven, Belgium: Leuven University Press. pp. 205–224.（池見　陽・村瀬孝雄（訳）（1999）．セラピープロセスの小さな一歩：フォーカシングからの人間理解　金剛出版）

土江正司（2008）．こころの天気を感じてごらん　コスモス・ライブラリー

山下良道（2014）．青空としての私　幻冬舎

Bateman, A., & Holmes, J. (1995). *Introduction to psychoanalysis: Contemporary theory and practice*. London: Routledge.（館　直彦（2010）．臨床家のための精神分析入門―今日の理論と実践―　岩崎学術出版社）

Ellis, L. (2013). Incongruence as a doorway to deeper self-awareness using experiential focusing-oriented dreamwork. *Person-Centered and Experiential Psychotherapies*, **12**(3), 274–287.

Freud, S. (1899). *Die Traumdeutung*. Leipzig: Franz Deuticke.（金関　猛（2012）．夢解釈　中央公論社）

Gendlin, E. T. (1981/2007). *Focusing* (Revised ed.2007). New York: Bantam Books.

Gendlin, E. T. (1986). *Let your body interpret your dreams*. Wilmette, IL: Chiron Publications.（村山正治（1988）．夢とフォーカシング　福村出版）

Gendlin, E. T. (1990). The small steps of the therapy process: How they come and how to help them come. In G. Lietaer, J. Rombauts, & R. Van Balen (Eds.), *Client-centered and experiential psychotherapy in the nineties*. Leuven, Belgium: Leuven University Press. pp. 205–224.（池見　陽・村瀬孝雄（訳）（1999）．セラピープロセスの小さな一歩：フォーカシングからの人間理解　金剛出版）

井野めぐみ（2015）．夢フォーカシングではどのように夢とかかわるのか－応答分類による研究－　Psychologist：関西大学臨床心理専門職大学院紀要, **5**, 63–71.

Koch, A. (2009). Dreams: Bringing us two steps closer to the clients perspective. *Person-*

Centered and Experiential Psychotherapies, **8**(4,Special Issue: Person-centered therapy with children and adolescents), 333–348.

丸山　明（2013）．思春期選択性緘黙症事例の心理療法過程における自己イメージの変化　心理臨床学研究，31(5), 810–820.

松田英子（2010）．夢と睡眠の心理学　風間書店

森田　慎（2009）．芸術家を志望する自己愛の問題をもつ青年との面接　心理臨床学研究，27(3), 266–277.

村山正治・中田行重（2012）．新しい事例検討法 PCAGIP入門　創元社.

小川俊樹（1999）．夢分析　中島義明・安藤清志・子安増生・坂野雄二・繁桝算男・立花政夫・箱田裕司(編)　心理学辞典　有斐閣 p.8.

島本裕美子（2014）．夢類型の比較からみた治癒の夢に関する研究　心理臨床学研究，32(1), 16–27.

田村隆一（1997）．夢フォーカシングの意義と方法　池見　陽（編）　フォーカシングへの誘い　サイエンス社 pp.128–141.

田村隆一（1999）．フォーカシングと夢分析－臨床上の有効性と留意点－　現代のエスプリ，382, 122–130.

田村隆一(2002)．フォーカシング・セッションにおける治療関係フェーズとフォーカシング技法の機能－理論的構造化の試み－　福岡大学臨床心理学研究, 1, 15–20.

田村隆一(2005)．夢のフォーカシングにおける治療関係と技法上の特徴　伊藤義美（編）フォーカシングの展開　ナカニシヤ出版 pp.149–163.

田村隆一(2013)．夢フォーカシング・小グループ夢フォーカシング　村山正治（監）フォーカシングはみんなのもの　創元社 pp.90–93.

筒井優介(2015)．夢PCAGIPの試み－グループにおける相互作用の活用－ Psychologist：関西大学臨床心理専門職大学院紀要，**5**, 73–81.

青木智子(2000)．コラージュ技法・療法の現状と課題―コラージュ技法の解釈，現状の成果と問題点―　カウンセリング研究，**33**(3), 89–99.

Gendlin, E. T. (1986). *Let your body interpret your dreams.* Wilmette, IL: Chiron.（村山正治（訳）（1998）．夢とフォーカシング　福村出版）

Gendlin,E. T. (1997). How philosophy cannot appeal to experience, and how it can. In D. M. Levin (Ed.), *Language beyond postmodernism saying and thinking in Gendlin's philosophy.* Evanston, IL: Northwestern University Press. pp.1–41.

Ikemi, A., Yano, K., Miyake, M., & Matsuoka, S.(2007). Experiential collage work. *Journal of Japanese Clinical Psychology*, **25**(4), 464–475.

池見　陽（2015）．フォーカシングの源流（下）－池見陽さん，札幌ワークショップで語る　日本フォーカシング協会ニュースレター，**18**(1), 8–12.

神野綾子（2005）．コラージュ・フォーカシング・マニュアル（グループ法）村

山正治（監修）福盛英明・森川友子（編）マンガで学ぶフォーカシング入門　誠信書房　pp. 102–103.
加藤大樹（2011）．コラージュ療法・ブロック技法における研究の動向と今後の展開　金城学院大学論集　人文科学編, **8**(1), 1–10.
佐藤友泰（2007a）．コラージュ療法研究の展望と課題Ⅰ―事例研究の動向―　日本芸術療法学会誌, **38**(2), 6–16.
佐藤友泰（2007b）．コラージュ療法研究の展望と課題Ⅱ―基礎研究の動向―　日本芸術療法学会誌, **38**(2),17–29.
三村尚彦(2012)．追体験によって，何がどのように体験されるのか―ディルタイとジェンドリン―　関西大学文学論集,**62**(2), 27–48.
森谷寛之（1990）．心理療法におけるコラージュ（切り貼り遊び）の利用―砂遊び・砂箱・箱庭・コラージュ―　日本芸術療法学会誌, **21**(1), 27-37.
大前玲子(2012)．コラージュ療法における認知物語アプローチの導入　コラージュ療法学研究, **3**(1), 29–41.
Rappaport, L. (2009). *Focusing-oriented art therapy. Accessing the body's wisdom and creative intelligence.* London: Jessica Kingsley. (池見　陽・三宅麻希(監訳)　(2009)．フォーカシング指向アートセラピー：からだの知恵と創造性が出会うとき　誠信書房)
近田輝行・日笠摩子（編)(2005).フォーカシングワークブック　日本・精神技術研究所
村山正治（監修）福盛英明・森川友子（編）(2005).マンガで学ぶフォーカシング入門　誠信書房
村山正治（監修）日笠摩子・堀尾直美・小坂淑子・高瀬健一（編）(2013).フォーカシングはみんなのもの　コミュニティが元気になる31の方法　創元社
羽田野映子(2015)．自分の特徴を振り返るツールとしてのカンバセーション・ドローイング―前反省的な体験を反省的に覚知する―　Psychologist臨床心理専門職大学院紀要，第5号，19–27.
安田一之（2012）．コラージュ作品における余白部分の形に関する一考察―余白に投影された心理的意味―　コラージュ療法学研究, **3**(1), 57–67.
安田一之（2013）．自死遺族の会でのコラージュ療法―作品に表現された内面―　コラージュ療法学研究, **4**(1), 15–26.
安田一之（2014）．父と友人の自死の衝撃からの回復―八つ切り画用紙から模造紙へ―　コラージュ療法学研究, **5**(1), 17–29.
矢野キエ（2010）．体験過程流コラージュワークと意味の創造　人間性心理学研究, **28**(1), 63–76.
池見　陽・ローリー ラパポート・三宅麻希(2012).アート表現のこころ　誠信書房
Klein,J.-P.(2002).*L'art-thérapie.* Que Sais-Je? Paris: Presses Universitaires de France.

（阿部惠一郎・髙江洲義英（訳）(2004). 芸術療法入門 白水社）

Rogers, N. (1993).*The creative connection : Expressive arts as healing*．Palo Alto, CA : Science & Behavior Books.（小野京子・坂田裕子（訳）(2000). 表現アートセラピー：創造性に開かれるプロセス 誠信書房）

小野京子(2005)．表現アートセラピー入門 誠信書房

小野京子(2011). 癒しと成長の表現アートセラピー 岩崎学術出版社

関　則雄・三脇康生・井上リサ（編）(2002). アート×セラピー潮流 フィルムアート社

德田良仁・大森健一・飯森眞喜雄・中井久夫・山中康裕（監修）(1998).芸術療法 1 理論編 岩崎学術出版社

德田良仁・大森健一・飯森眞喜雄・中井久夫・山中康裕（監修）(1998).芸術療法 2 実践編 岩崎学術出版社

阿刀田高（2006）．ことば遊びの楽しみ　岩波書店

Carroll, L. (1865/2006). *Alice's adventures in wonderland & Through the looing-glass*. New York: Bantam Books.（高橋康也・高橋 迪（訳）（1988）．不思議の国のアリス 河出文庫・河合祥一郎（訳）（2000）．不思議の国のアリス 角川文庫）

Gardner, M. (1960). *The annotated Alice: Alice's adventures in wonderland & Through the looking glass by Lewis Carroll.* New York: Bramhall House.（高山 宏（訳）（1980）．不思議の国のアリス 東京出版）

Gardner, M. (1990). *More annotated Alice: Alice's adventures in wonderland & Through the looking glass by Lewis Carroll.* New York: Random House.（高山 宏（訳）（1994）

Gendlin, E. T. (1982). *Focusing* (2nd ed.). New York: Bantam Books. (村山正治・都留春夫・村瀬孝雄(訳)（1982）．フォーカシング 福村出版)

Gendlin, E. (1995). Crossing and dipping :Some terms for approaching the interface between natural understanding and logical formulation. *Minds and Machines*, **5**(4), 547–560.

Gendlin, E. T. (2004). Introduction to 'Thinking at the Edge'. *The Folio*, **19** (1), 1–8.

池見　陽(2012). 漢字フォーカシング：暗在に包まれた漢字一字と心理療法 Psychologist：臨床心理専門職大学院紀要, 2, 1–11.

石原早苗(2011). 漢字表現法の応用－関西大学を言い表す－ 関西大学文学部2010年度心理学専修卒業論文．

河﨑俊博・前出経弥・岡村心平(2013). 漢字フォーカシング 村山正治(監) 日笠摩子・堀尾直美・小坂淑子・高瀬健一（編）フォーカシングはみんなもの, 創元社　pp.84–85.

公益財団法人日本漢字能力検定協会ホームページ<http://www.kanken.or.jp/>

前出経弥（2011）．漢字一字で言い表す－フォーカシングワークを通して－ Psychologist：関西大学臨床心理専門職大学院紀要，1，51‐59．

前出経弥（2013）．漢字表現グループの試みとその意義－グループによる漢字フォーカシングと不戦を用いることの意味－ 日本人間性心理学会第32回大会発表論文集，155‐156．

岡村心平（2013a）．なぞかけフォーカシングの試み－状況と表現が交差する"その心"－ Psychologist：関西大学臨床心理専門職大学院紀要，3，1‐10．

岡村心平（2013b）．なぞかけフォーカシング 村山正治(監) 日笠摩子・堀尾直美・小坂淑子・高瀬健一(編)フォーカシングはみんなもの 創元社 pp. 82‐83．

岡村心平（2015）．Gendlinにおけるメタファー観の進展 Psychologist：関西大学臨床心理専門職大学院紀要，5，9‐18．

山梨正明（2012）．認知意味論研究 研究社

冨宅左恵子（2013）：大学院生同士による継続したセラピスト・フォーカシングセッションの意義．サイコロジスト：関西大学臨床心理専門職大学院紀要，3；31-39．

Gendlin, E.(1968): The experiential response. In Hammer, E. (ED) *The Use of Interpretation in Treatment.* Grune & Stratton, 208-227.

Gendlin, E. (1981): *Focusing.* New York, Bantan Books.

Gendlin, E. (1992): The primacy of the body, not the primacy of perception. *Man and World,* 341-353.

Gendlin, E. (1996): Focusing-Oriented Psychotherapy, New York, The Guilford Press. P20，ジェンドリン．E. T.（1998）フォーカシング指向心理療法（上）村瀬孝雄・池見陽・日笠摩子 監訳、金剛出版P46．

Hirano, T. & Ikemi, A (2011): Developing a Self-Help Manual of Focusing for Therapists. *Proceeding of the 2nd World Conference on Focusing-Oriented Psychotherapies.* Stony Point, NY: p.31.

平野智子（2012a）：フォーカシングに馴染みがない心理臨床家のためのセラピスト・フォーカシング・マニュアルの作成．サイコロジスト：関西大学臨床心理専門職大学院紀要 2；97-107．

平野智子（2012b）：対人援助職支援としてのフォーカシングの有益性の検討－産業保健師を対象として－．心身医学，52（12）；1137-1145．

平野智子・越川陽介・角隆司・岩井佳那・中井美彩子・青木剛（2013）：セラピスト・フォーカシングを用いたセルフ・ヘルプ・グループの試み．日本人間性心理学会第32回大会プログラム発表論文集．

池見陽・河田悦子（2006a）：臨床体験が浅いセラピストとのセラピスト・フォーカシング事例：トレーニング・セラピーの要素を含むセラピスト援助

の方法について 『心理相談研究（神戸女学院大学大学院心理相談室紀要）』7：3-13.

池見陽・矢野キエ・辰巳朋子・三宅麻紀・中垣美知代（2006b）：ケース理解のためのセラピスト・フォーカシング：あるセッション記録からの考察 『ヒューマンサイエンス（神戸女学院大学大学院人間科学研究科紀要）』9：1－13.

池見陽（2013）：他者への反省以前的な架け橋を言い表す：僕が生き進むことを君は促してくれるのか．サイコロジスト：関西大学臨床心理専門職大学院紀要 3：11-20

伊藤研一・山中扶佐子（2005）：セラピスト・フォーカシングの過程と効果．学習院大学人文科学研究所 人文4：165－176.

伊藤研一・小林孝雄（2014）：自主企画：フォーカシングによるスーパーバイザー体験の吟味．（指定討論者：：吉良安之）．日本人間性心理学会第33回大会（南山大学）発表論文集．50－51.

吉良安之（2002a）：フォーカシングを用いたセラピスト自身の体験の吟味：「セラピスト・フォーカシング法」の検討 『心理臨床学研究』20（2）：97-107.

吉良安之（2002b）：『主体感覚とその賦活化－体験過程療法からの出発と展開－』九州大学出版会．

吉良安之（2005）：セラピスト・フォーカシング 伊藤義美（編著）『フォーカシングの展開』ナカニシヤ出版．49-61.

吉良安之（2010）：『セラピスト・フォーカシング－臨床体験を吟味し心理療法に活かす－』 岩崎学術出版社．

小林孝雄・伊藤研一（2010）：スーパービジョンにセラピスト・フォーカシングを用いることの有効性の検討．人間性心理学研究 28(1)： 91-102

松村太郎（2006）：フォーカシングを用いた教師の子ども認知変容に関する研究．武庫川女子大学大学院臨床教育学研究科臨床教育学専攻平成18年度修士論文．

三宅麻希・松岡成行（2007）：セラピスト・フォーカシングにおけるケース理解の体験過程様式－対人援助職とのフォーカシング・パートナーシップの1セッションからの考察－ 『関西大学文学部心理学論集』1：59-71.

牛尾幸世（2009）：緩和ケアに携わる看護師に対する心理的援助－セラピスト・フォーカシングを活用した看護師の感情体験を支える方法の試み．福岡大学大学院人文科学研究科教育・臨床心理専攻平成20年度修士論文．

Aoki, T. (2011). Focusing attitude and mental health. Paper presented at the 23rd Focusing International Conference, Asilomar, CA., June, 2015.

青木 剛（2008）．大学生における精神的健康に関する研究：フォーカシング的

態度とレジリエンス，自己実現との関連から　関西大学大学院修士論文

青木　剛（2010）．フォーカシングに関する数量的研究の国際動向をめぐって:2009年フォーカシング国際会議シンポジウムでの発表から　関西大学心理臨床カウンセリングルーム紀要，創刊号，1–7.

青木　剛（2013）．FMS ver. a. jの妥当性と信頼性の検討　Psychologist：関西大学臨床心理専門職大学院紀要，2，33–41.

青木　剛（2015）．フォーカシングとフォーカシング的態度　心理相談研究：京都橘大学心理臨床センター紀要，創刊号，3–9.

Aoki, T., & Ikemi, A. (2014). The Focusing Manner Scale (FMS): Its validity, research background and its potential as a measure of embodied experiencing. *Person Centered & Experiential Psychotherapies*, **13**(1), 31–46.

Cornell, A. W. (1996). *The power of focusing: A practical guide to emotional self-healing.* Oakland, CA: New Harbinger Publications.（大澤美枝子・日笠摩子（訳）（1999）．やさしいフォーカシング：自分でできるこころの処方　コスモスライブラリー）

福盛英明（2000）．フォーカシングにおける体験と「距離」を測定する試み：Focusing Distance Scale(FDS)を用いて　心理臨床学研究，**18**(4), 345–352.

福盛英明・森川友子（2003）．青年期における「フォーカシング的態度」と精神的健康度との関連：「体験過程尊重尺度」（The Focusing Manner Scale；FMS)作成の試み　心理臨床学研究，**20**(6), 580–587.

Gendlin, E.T. (1981). *Focusing*(2 nd ed.). New York: Bantam Books.（村山正治・都留春夫・村瀬孝雄（訳）（1982）．フォーカシング　福村出版）

Gendlin, E.T. (1996). *Focusing-oriented psychotherapy: A manual of the experiential method.* New York: The Guilford Press.（村瀬孝雄・池見　陽・日笠摩子監（監訳）（1998）．フォーカシング指向心理療法（上・下）　金剛出版）

Goldberg, D. P. (1978). *The General Health Questionnaire.* London: GL Assessment.（中川泰彬・大坊郁夫（訳）（1985）．日本版GHQ精神健康調査票　日本文化科学社）

Hinterkopf, E. (1998). *Integrating spirituality in counselling; A manual for using the experiential focusing method.* Alexandria, VA: American Counseling Association.（日笠摩子・伊藤義美（訳）（2000）．いのちとこころのカウンセリング：体験的フォーカシング法　金剛出版）

平石賢二(1990).青年期における自己意識の発達に関する研究(1)：自己肯定性次元と自己安定性次元の検討．名古屋教育大學教育學部紀要　教育心理学科，**37**, 217–234.

今津芳恵・村上正人・小林　恵・松野俊夫・椎原康史・石原慶子・城　佳子・児玉昌久（2006）．Public Health Research Foundationストレスチェックリスト

・ショートフォームの作成：信頼性・妥当性の検討　心身医学，**46**, 301–308.

河﨑俊博（2010）．フォーカシング的態度の測定：インタビュー法による試み　関西大学大学院修士論文

河﨑俊博・青木　剛（2008）．体験過程尊重尺度（FMS）に関する研究と現状の課題　日本人間性心理学会第27回大会発表論文集，136.

Klein M., Mathieu, P., & Kiesler, D. (1969). *The Experiencing Scale: A research and training manual* (Vol.1). Madison, WI: Wisconsin Psychiatric Institute.

小牧　元・前田基成・有村達之・中田光紀・篠田晴男・緒方一子・志村　翠・川村則行・久保千春（2003）．日本語版The 20-item Toronto Alexithymia Scale（TAS-20）の信頼性，因子的妥当性の検討．心身医学，43(12)，839–846.

中垣美知代（2007）．日常生活におけるフォーカシング的態度の研究：FMSとCMI，EQS，EXPとの関連　神戸女学院大学大学院修士論文

中田行重（2005）．問題意識性を目標とするファシリテーション：研修型エンカウンター・グループの視点　関西大学出版部

永野浩二・福盛英明・森川友子・平井達也（2015）．日常におけるフォーカシング的態度に関する文献リスト（1995〜2014）　追手門学院大学心理学部紀要，9，57-68.

西田裕紀子（2000）．成人女性の多様なライフスタイルと心理的well-beingに関する研究　教育心理学研究，48，433–443.

三上智子・弥園祐子・玉木登志枝・池見　陽（2008）．フォーカシング的発想に基づいたメンタルヘルス研修の効果：FMSを用いて　日本人間性心理学会第27回大会発表論文集，93.

三坂友子・村山正治（1995）．フォーカシング的体験様式の日常化に関する研究：アンケート調査による　九州大学教育学部紀要，40(1, 2)，83–89.

宮本真衣（2009）．高校生におけるフォーカシング的態度の測定：大学生との比較　関西大学卒業論文

森川友子（1997．フォーカシング的体験様式の日常化に関する因子分析的研究　心理臨床学研究，15(1)，58–65.

森川友子・永野浩二・福盛英明・平井達也（2014）．FMS（The Focusing Manner Scale）改訂版の作成および信頼性と妥当性の検討　九州産業大学国際文化学部紀要，58，117–135.

押江　隆（2014）．問題意識性とフォーカシング的態度，自己実現との関連の検討　心理臨床学研究，**32**(4), 483–490.

Rappaport, L. (2009). *Focusing-oriented art therapy.* London, Jessica Kingsley Publisher.（池見　陽・三宅麻希（監訳）（2009）．フォーカシング指向アートセラピー：からだの知恵と創造性が出会うとき　誠信書房）

Rogers, C. (1961). *On becoming a person.* Boston, MA: Houghton Mifflin.諸富祥彦・保

坂　亨・末武康弘（訳）（2005）．ロジャーズが語る自己実現の道（ロジャーズ主要著作集第3巻）岩崎学術出版社）

斎藤恵子（2009）．大学生における内的対象の想起とフォーカシング的態度の関連について　関西大学心理相談室紀要，11, 49‐56.

高沢佳司・伊藤義美（2009）．構造拘束度尺度の作成および妥当性・信頼性の検討　心理臨床学研究，27(5), 603‐611.

田村隆一（1987）．Floatability: フォーカシングの成功に関わるフォーカサー変数　人間性心理学研究，5, 83‐87.

田村隆一（1990）．フォーカシングにおけるフォーカサー：リスナー関係とfloatabilityとの関連　心理臨床学研究，8(1), 16‐25.

植中祐至（2009）．大学生におけるフォーカシング的態度の推移　関西大学卒業論文

上西裕之（2009）．日常生活におけるフォーカシング的態度の構造についての一考察．人間性心理学研究，21(1, 2), 69‐80.

上西裕之（2010a）．日常生活におけるフォーカシング的態度とAlexithmia傾向の関連：FMS-RとTAS-20を用いて　関西大学心理相談室紀要，12, 57‐64.

上西裕之（2010b）．日常生活におけるフォーカシング的態度と曖昧さへの態度の関連：FMS-Rと曖昧さへの態度尺度を用いての検討　関西大学心理臨床カウンセリングルーム紀要，創刊号, 9‐20.

上西裕之（2011）．日常生活におけるフォーカシング的経験の構造：フォーカシング経験尺度の開発とその構造の分析　関西大学心理臨床カウンセリングルーム紀要，2, 91‐100.

上西裕之（2012）．日常生活におけるフォーカシング的経験と構造拘束度との関連　関西大学心理臨床カウンセリングルーム紀要，**3**, 65–73.

Wood, A. M., Linley, P.A., Maltby, J., Baliousis, M., & Joseph, S. (2008). The authentic personality: A theoretical and empirical conceptualization and the development of the authenticity scale. *Journal of Counseling Psychology*, **55**(3), 385–399.

山崎　暁・内田利広・伊藤義美（2008）．フォーカシング的態度と自己注目が抑うつに与える影響　心理臨床学研究，26(4), 488–492.

关于附录论文的说明

本书在日语原书的基础上附录了三篇相关论文。附录一《体验过程对于心理治疗理论的根本性冲击：对于两种交叉的检验》介绍了池见老师在本书出版以后最新的理论研究成果，该论文原发表在英国劳特利奇（Routledge）出版社的2017年英文版新书《以人为中心和体验疗法》（*Person-Centered & Experiential Psychotherapies*）中。附录二《向日葵、沙丁鱼和回应性共同身体过程》介绍了池见老师对简德林哲学的理解和发展，该论文原发表在日本超个人心理学/精神医学杂志《超个人心理学/精神医学》(「トランスパーソナル心理学/精神医学」) 第13卷1号（2013年9月）上。附录三《汉字智慧与聚焦取向心理疗法的相遇——汉字聚焦的心理咨询技术》一文是池见老师在中国的合作研究者徐钧老师的最新论文，作为本书第6章汉字一字聚焦的延伸阅读，最初发表在2017年第一届中国文化与心理治疗学会会议上。

李 明

2017年8月1日

附录一　体验过程对于心理治疗理论的根本性冲击：对于两种交叉的检验

作者：池见阳

译者：刘菖

本篇论文阐述尤金·简德林的"体验过程（experiencing）"概念，同时对他的"交叉（crossing）"进行检验。简德林至少以两种不同方式使用交叉这个名词。本文着重探究两种不同方式的交叉在心理治疗中的重要性。我认为，通过真实地展示咨访互动过程、来访者的体验过程，对于这两种方式的交叉进行检验，将对心理治疗有所贡献。这个观点与通常意义的心理治疗观点会非常不同。因此，我认为，简德林的体验过程理论将对心理治疗产生根本性的冲击。本文重点阐述简德林哲学中与心理治疗相关的部分，同时也会从这个角度讨论卡尔·罗杰斯对于治疗性回应的观点。

1. 体验过程

本文以探究体验过程开端。我们不以假设存在的治疗理论或概念开始（如潜意识、自体等），而是从我们每个人此时的体验开始。

想象一个特殊的情境，比如，一个下午，你在咨询室等待一个来访者。这个情境是一次特殊的独一无二的体验。来访者不同，时间不同，日子不同，地点不同，等待的体验都是完全不同的。那么，这个特殊的下午，在你的咨询室等待某一个来访者，你如何表达这个体验？首先你会注意到，对于这个情境你有一种特别的感受，你难以用语言精准地表达此时此刻的感受。你必须等待那个合适的词到来。简德林使用"直接指示（direct referent）"来描述体验过程（Gendlin, 1962/1997）。我将"直接指示"理解为：在使用词汇或概念描述解释之前，这个情境给我们的直接感受。

当你坐着等待这个词的到来时，一个词出现："焦虑"。出于某种原因，你对于在这个下午见这个来访者感到焦虑。在你尝试使用焦虑这个词时，你可能会感觉到这个词并不准确，"担忧"应该更合适。当你坐着与"担忧"呆在一起的时候，你想起上次咨询中，这个来访者说了一些尖刻的话。你注意到你感觉有些"受伤"。但是你注意到，你记忆里不仅仅是这个，你还在努力解决这种受伤的感觉，以不那么受伤的方式去与来访者连接。你可能会怀疑这种"受伤"的感觉可能实际上是来访者的体验，你发现自己想知道如何去"照顾"来访者这种受伤的感觉。

在这个例子中，我们可以看到，这个感受并不是"单纯不变的焦虑"。当你与那个被认为是"焦虑"的感受呆在一起的时候，在尝试的过程中，其他词相继出现。不是"焦虑"，不是"担忧"，不仅仅是"受伤"，还有"关心"。体验是一个很多词或概念相继出现的过程。也就是说，体验过程是一个进行中的状态（experiencing，一个进行时态）。

简德林似乎是从哲学家狄尔泰（1833—1911）那里得出体验过程这个概念。"狄尔泰有三个用语：'体验过程'、'表达'和'理解'……但是，狄尔泰说，体验过程本来就是一个已经存在的理解，也是一个表达。"（Gendlin, 1997a, p.41）。简德林举了一个例子：一只蜘蛛在面临威胁时装死（Gendlin, 1997a）。蜘蛛装死是它的体验过程，也是它的表达，这样我们就理解了，它感受到了威胁。但是，简德林似乎是以自己的方式发展了狄尔泰这个"体验过程-表达-理解"的解释学循环。换句话说，狄尔泰试图以理解他人的作品，通常是历史人物和作品，完成"体验过程-表达-理解"的解释学循环，然而简德林将其用于解释"我们是如何拥有体验"的性质，以及在心理治疗中人与人之间的直接互动。

当你在这个下午坐在咨询室里等待来访者时，你感觉到有点焦虑，在那一刻，你在体验着焦虑，焦虑也是你的表达，并且你理解到你在焦虑。简德林写道，狄尔泰"也产生了积极的主张；他们有进一步的体验过程。狄尔泰指出了这三者具有持续的特性"（Gendlin, 1997a, p41）。

焦虑的表达带来了进一步的体验过程和进一步的理解。现在，你明白你不是焦虑，你是感到担忧，你进一步感到受伤、照顾，等等。

顺便说一下，聚焦实践者可能会认识到，将体验过程描述为"体验过程-表达-理解"与简德林简易聚焦六步（Gendlin, 1981/2007）的核心是平行的。如第二步：体会（体验过程）；第三步：把手；及第四步：交互感应（表达）；第五步：叩问（理解）。显然，聚焦简易步骤是以体验过程为特征的，即"体验过程-表达-理解"的过程。

2. 体验过程和追体验：反身

但是，起初体验到的焦虑是如何过渡到担忧的呢？对体验的核查好像一直在进行。换句话说，你说：我一定是感到焦虑了，但是随着这句话离开你的嘴唇，同时就像有一双来自内心的眼睛，检视你刚刚说的——我一定是感到焦虑了。你内心的眼睛通过检视，觉得焦虑这个词不够准确。于是，你寻找更好的词。担忧出现了，并再次被检视。换句话说，在简德林对于意识的阐述中，体验过程和追体验是同时出现的。这为我们的体验带来了一个基本的反身（reflexivity）。这就是"三者的持续特性"的生成。

从弗洛伊德到罗杰斯的许多心理治疗师（至少是到20世纪70年代中

期）认为，由体验生成新的意义只有一种方式：之前的潜意识内容意识化。他们假设，担忧或受伤一定是从潜意识中复苏的。然而，如简德林对于压抑模式的批判，这个观点难以成立（Gendlin，1964）。首先，为什么受伤会被压抑？其次，为什么在这一刻，压抑模式失效，将潜意识内容带到了意识层面？

然而，压抑模式却强烈地植根于大多数心理治疗理论，包括以来访者为中心疗法。正如我之前一篇论文（池见阳，2005）所阐述的，在罗杰斯的《以来访者为中心的治疗》（1951）出版的时代，卡尔·罗杰斯坚持有两层体验的压抑模式。其中一层即意识层面呈现的内容代表或象征存在于另一层即潜意识层面的内容。罗杰斯经常使用"拒绝进入意识""歪曲"及"在意识中没有准确象征"这样的表达（Rogers，1951）来说明一些体验是如何不被"吸收"到意识中的。在20世纪70年代中期，罗杰斯似乎大大改变了他的观点（Rogers，1975）。他之后的观点，在很大程度上是基于简德林的"体验过程"概念。他看到"人类机体中一直存在着体验过程的流动，个人的体验能够一次又一次地转变，以指导自己发现自身体验的意义"（Rogers，1980，p.141）。因此，这个观点看到意义是通过体验过程而来，而不是通过揭露无意识内容而来的。然而，罗杰斯的被心理治疗师广泛研究的人格和行为理论是运行在压抑模式上的（Rogers，1951；1959）。因此，很多从精神分析师转变成以来访者为中心的治疗师都会在压抑模式框架下思考和撰写他们的治疗。

本文以体验过程开篇。从一开始，就有了一个根本的冲击，因为这与大多数其他心理治疗理论不同。从简德林哲学出发的心理治疗理论并不适用于压抑模式。以下呈现的体验过程模式，可以说是一个根本不同的治疗观念。

3. 第一种交叉：追体验以及理解他人

追体验（re-experience）是狄尔泰经常使用的用语（Dilthey，2002/1910）。下面我在使用这个词时，会将首字母 R 以大写表示，来与这个词的通常涵义即"再次体验"相区分。在简德林的哲学和心理学著作中，他似乎没有使用过这个用语，除了他的硕士论文（Gendlin，1950）。然而，虽然他没有明确地使用这个用语，但是，仔细阅读简德林的哲学，就会显示出他正在使用这个概念，而不过是通过他自己的用语"交叉"来表达他对"追体验"的解释。稍后我将直接引用简德林的著作来证明这一点。

首先，我想展示一下我如何解释追体验。我经常在我的工作坊中使用以下练习。我读出一些叙述文字，询问听众对于这些叙述的体验。

> 在一个炎热的夏天，太阳直射在我的头顶，我穿着一身西装走在海滩上。我发现海滩很难走，沙子不断进入我的鞋子。当风吹起，沙子吹到我的衣服上。我听到孩子们在海浪中玩耍，但是我一直在向前走。我觉得渴了，环顾四周。在远处的街边有一台自动饮料售卖机。可是我觉得太远了。我站在那里，琢磨着该怎么办。（池见阳，2016，p.91）

听完这段叙述后，听众们报告他们在这段叙述中自己体验到的意象。我会说：这些意象就是你的追体验。正是通过这样的意象即追体验，我们来理解对方。此外，听众的追体验比作者的体验更丰富，因为追体验包含比叙述所明确陈述的更多细节。当被问及在大家体验到的意象中，有哪些是在我的叙述中没有明确提及的，听众经常报告说，他们听到了海浪的声音，海鸥的鸣叫，大海的气味，皮肤上汗水的感觉，海滩上的贝壳和海藻，远处的街道上有汽车经过，头顶有一些树，等等。当他们描述他们的追体验时，我会将我的体验过程与他们的追体验进行交叉，这使得我的体验过程向前推进，使我的体验过程更加丰富。现在，经过交叉之后，在我自己的体验中，我听到了海鸥，闻到了大海，看到了贝壳，等等。现在我可以说这些在我的叙述中是"过去暗在（were implied）"的了。

> 当我们说到"过去暗在"时，我们讲的是一个特殊的关系，而不是一个对应关系……在下面的过程中也会看到这个关系：当我们对一个地方进行复述，带来了推进，进而我们发现了更多的"过去（was）"的信息。（Gendlin，1997a，pp.22-23）

我在后面会继续阐述这种特殊的"过去"。现在，我想指出，当观众的追体验与我的体验交叉时，我的体验变得更加丰富，更多"过去暗在"变为"明在"。

> 狄尔泰说，只有当我们比作者理解自己还要好地理解他们，我们才能理解作者。要做到这一点，我们只有用自己进一步的理解，将作者的体验过程向前推进。这时，作者的体验过程根据我们的体验过程得到重新组织——准确但是因我们而更丰富，如同我们的体验过程也是由于作者而得以丰富。或者，正如我要说的：是这些交叉使得我们彼此成为对方的暗在。（Gendlin,1997a,p.41）

在上面这段有趣的叙述中，简德林首先提到了狄尔泰对"追体验"的阐述，即"比作者理解自己还要好地理解他们"。然后他以自己的方式来解释狄尔泰。最后，他写道："或者，正如我要说的：是这些交叉……"换句话说，

附录一　体验过程对于心理治疗理论的根本性冲击：对于两种交叉的检验

交叉是简德林对狄尔泰的追体验的解释。简德林使用交叉这个用语的第一个方式就是追体验。

追体验往往与共情混淆。Makkreel（1975）批评某些哲学家将追体验误译为共情。他总结了狄尔泰对于追体验和共情之间的差异的立场。

> 事实上，狄尔泰清楚地认识到，自我对他人的共情性投射，可能成为理解对方的障碍。例如，当我们想觉察自己的关注和动机，就会阻碍我们对舞台上的戏剧角色的理解。（Makkreel，1975，p.252）

一位出席我的工作坊的心理治疗教授说，在我的夏日海滩练习中，他一直在努力共情主角。试图穿上他的鞋子，即人们通常说的共情。但是，由于他不明白为什么主角会穿着西装，在炎热的夏日顶着太阳在海滩上散步，所以他难以共情。的确，他的"自我的共情投射"（Makkreel）没有奏效。虽然他正在努力解决这个问题，但是当叙述结束后，他很惊讶地发现，工作坊上的其他人可以对我的叙述交叉出这么多细节，而他却不能。之后，他告诉我，他正在努力共情，他的努力阻碍了他的追体验，而其他人并没有花力气去共情，只是对我的叙述进行了轻松的直观描述和交叉。我相信这个例子说明了，"自我对他人的共情性投射，可能成为理解对方的障碍"（Makkreel）。

我认为追体验比共情更基础。听众看到海滩的意象，然后决定是否能对主角共情。在思考及判断之前，先是返身，之后追体验出现。我不打算说共情应该被追体验所取代。我只是想要指出，二者是不同的。

治疗师经常被教导，不要将自己的解释施加于来访者的体验。因此，许多治疗师都害怕说出他们在追体验中得到了什么。治疗师仔细倾听，不时重复来访者自我理解的要点。这类治疗性回应称为反射。从体验过程模式的角度来看，反射性回应加强了来访者自身的返身性和追体验。它可以帮助来访者检验自己的言语和叙述是否充分表达了自己的体验。因此，从这个角度来看，反射性回应不仅仅是治疗师有关共情及接纳的表达。卡尔·罗杰斯证明了这一点，他说反射性回应应该被称为"检测理解"或"检查觉察"（Rogers，1989）。因此，看起来似乎罗杰斯在交叉他的理解，或是从他的追体验中交叉他的觉察。

事实上，罗杰斯（1975）重新形成了对共情过程的描述，看起来如同对追体验的描述。他写道，共情的方式有几个方面。

> 这意味着进入另一个人的私人感知世界，完全变成像在自己家里一样。这意味着，对另一个人内心流动的、变化的意会（felt meanings），对他（她）正在体验的恐惧、愤怒、脆弱、混乱或其他任何事情，进行此时此刻的敏锐觉察。这意味着暂时生活在他（她）的生命中，微妙的移动，不做评判，感知他（她）几乎不知道的意义，但不试图揭露这个人完全没有意识的感觉，因为这样太危险。（Rogers，1980，p.142）

在这个描述中，罗杰斯似乎正在描述他对来访者体验过程的追体验。他几乎没有进行共情性自我投射，如罗杰斯的早期描述："就像我就是他一样"。而是对来访者的生活进行追体验，"变得完全舒适"和"暂时生活在他（她）的生命中"。通过追体验，罗杰斯将尝试交叉他的理解、他的觉察、他对来访者体验过程的"感觉"。他继续阐明：

> 它包括：你带着新鲜的、不害怕的眼睛去看对方所恐惧的元素，同时传达你对他（她）的世界的感觉。这意味着时常与他（她）检查你的感觉的准确性，并受到对方回应的指导。你是他

（她）内心世界那个人的可靠同伴。通过指出他（她）的体验过程的可能含义，你可以帮助对方专注于这种有用的指示，更充分地体验意义，并在体验过程中前进。（Rogers，1980，p.142）

从以上的内容，在我看来，罗杰斯正在将他对来访者体验的"感觉"与来访者进行交叉。正如我在上一篇论文（池见阳，2013）中所阐述的，罗杰斯似乎正在阐释他在与来访者的互动中感觉到的意会。虽然罗杰斯从来没有使用过追体验这个用语，但在我看来，实际上，罗杰斯在他的反射性回应中所使用的共情方式，相当于将他的追体验与来访者的体验过程进行交叉。

顺便提一句，罗杰斯写道，他正在通过"在简德林形成的体验过程概念基础上"来修正他的共情概念。在引文的最后一句可以清楚地看到，罗杰斯称"共情的存在方式"即帮助来访者专注到意会上，从而使体验过程得到推进（"前进"）。罗杰斯似乎正在努力实践体验过程模式，尽管他保留了一些压抑模式，这在之前的引文中是显而易见的。我们看到压抑模式的一些痕迹：如罗杰斯设想，当一些内容"太有威胁性"而无法出现在意识中，"一个人是完全潜意识的"。因此，他似乎假设某些体验只能以潜意识的形式存在，因为他们太有威胁性，因此被压抑。尽管如此，他的目的不是揭露和恢复潜意识内容，而是帮助人们"在体验过程中前进"。这样，在我看来，虽然罗杰斯确实保留了压抑模式的一些要素，但他正在朝向体验过程模式进行操作。

4. 交叉和主体间现实

在一次工作坊上，我解释来自听众的交叉是多么的准确。听众所说的大多数都是"过去暗在"于我的体验中的。但是，有时听众的追体验不会与我的体验交叉。比如说，一位听众说，她看到我穿着灰色西装。灰色西装没有与我的体验交叉,因为在我的意象中,我穿着黑色西装。然而,总体而言,听众的追体验大多是准确的。没有人会想得太离谱,比如说,没有人会说在沙滩上有金币。在我解释这一点的时候,一位女士问我,所以金币不会与你的体验交叉,那穿着比基尼的美女怎么样?当我正要回答,不,没有比基尼,我的体验里出现了某些东西(something)。在我的意象中,我看到了一位穿着蓝色比基尼的女士的背影。是的,是有比基尼,我回答。从那一刻我的叙述开始了一个新的转折。同样的,在日本的另一个工作坊上,一位听众说,在她的追体验中,有一个流汗的女人,脖子上裹着毛巾,在海滩的商店里炸面条(夏天日本的海滩上有这样的海滨商店)。我的意象中立即出现了一家海滨商店,甚至还有一杯冰啤酒。这些实例显示了一个人的体验过程总是会受到他人的追体验的影响。这样,一个故事变成了我们的故事,不再是我的故事。因此,正如我们从日常生活中知道的那样,当我们与一个朋友讨论个人问题时,我们可能会得到一个合理的解决方案。但是当与另外一位朋友讨论同样的问题时,出现另一个不同的解决方案。同样,在心理治疗方面,来访者的问题的性质会以某位治疗师的一种方式被理解,也会以另外一位治疗师的不同方式被理解。理解是否正确并不重要,因为当一个人与另外一个人交叉时,呈现了主体间现实。理解出现在这些主体间现实中。

　　心理治疗师可能会陷入一个只有一个事实的错觉。但是一种情境总是根据一个人在与另一个人的情境下的反应而确定的,与另一个不同的人用另一种方式确定。通过这种方式,来访者的体验从进入咨询室那一刻开始一直在与治疗师交叉。

　　此外,简德林警告心理治疗中的单一技术和单一理论体系,即认为一种技术或一种理论是唯一真理(Gendlin, 1973)。相反,来访者与治疗师每一刻都处于一个独特的主体间现实中,所以真实体验会一直不同,即使是与同一个治疗师。

附录一 体验过程对于心理治疗理论的根本性冲击：对于两种交叉的检验

5. 被推进了的过去

"当下的体验过程总是带来某些新东西，因而重塑过去。（Gendlin，时间不详）"。正如简德林经常写道，当我们的体验过程得以推进，我们在此刻知道了它事实上"过去"是什么样的。这一类"过去"在简德林的哲学著作（如 Gendlin，1977b）和心理学著作（如 Gendlin，1964，1996）中经常出现。这种"过去"在心理治疗中频繁出现。例如，来访者会说：哦，现在我知道了它"过去"是什么，我过去一直都害怕她。虽然很常见，想想会觉得这是一个奇怪的"过去"。来访者说他过去一直害怕她，但是在5分钟前他还没有意识到害怕她。体验过程的推进带来了过去的发展。如简德林所说，这是一种对于过去的向前推进。时间并不是像在一条直线（"线性"）上按照过去—现在—未来的顺序排列的。

心理治疗师在工作中经常遇到这种"过去"，但不知晓这个表达过程的时间性。如果治疗师设想时间是线性的，即时间按先后顺序发生的事件组成，那么唯一说得通的方法就是，来访者叙述的害怕她这件事是过去形成的，在潜意识中被压抑了，直到在治疗时它出现在意识中。然而，如前所述，简德林（1964）驳斥了压抑模式，理由是无法解释某些内容如何被压抑以及如何被释放。相反，简德林认为是体验过程创造了意义。正是存在于过去的体验过程以新的方式向前推进，为一个人看到的过去产生了新意义。

理解时间性是"被推进了的过去（carried forward was）"，在现象学和存在主义思想中并不新鲜。我们会想起丹麦哲学家克尔凯郭尔（Kierkegaard）的著名格言："我们只能通过向后追溯理解生活，但生活必须向前迈进。"理解总是要向后追溯，而向前展开。我们应感谢简德林，他使用了非常明确的方式，发展了向前推进的时间性。现在，它不仅是一个抽象的真理，而且是心理治疗中可观察到的现象。如我们所说的那样，"对过去的向前推进"，对心理治疗理论会产生一个根本性影响。在大多数心理治疗理论中，是假设"精神内容"是先验存在的。例如潜意识（弗洛伊德），俄狄浦斯情结（弗洛伊德），防御机制（弗洛伊德），自我（罗杰斯），原型（荣格）等内容。简德林的现象学表明，这些概念只有在推进之后才会出现，因此它们是后验存在的。

有时我会敲响警钟，当我听到人们，包括来访者和治疗师，在思考治疗和聚焦时，假设一系列特定的内容，如早期创伤、内在自我、真性自体、内在小孩、分裂的部分、过去的生活，等等。正如简德林（1996）写道，我们只能通过追溯去理解，但我们事先"不知道"经验将如何向前推进；我们事先"不知道"一个人会如何理解他们的体验过程并从中创造意义。有时我会敲响警钟，当人们，包括来访者和治疗师，都丢掉了"不知道"，而从假设开始。治疗将以假设为中心，不再是以来访者为中心，不再是经验性的。我想起简德林对 Medard Boss 的批评（Gendlin, 1977），他批评"Boss 疗法中的大问题"，尽管 Boss 在他的释梦中使用了现象学的概念。当人们，包括来访者和治疗师，对经验赋予特定的内容或概念，而不是停留在"不知道"的开放状态，我会敲响警钟。在这个开放状态中，治疗师的追体验随着来访者的体验过程的推进而前进，并且他们会一起向后回溯，寻找新的发现，以知晓他们如何到达了这里。

6. 第二种交叉：两个语境的隐喻性交叉

尤金·简德林用另一种方法使用"交叉"这个用语。在解释这一种"交叉"时，简德林给出了下面这个例子："你的愤怒如何像一把椅子？"（Gendlin, 1986, p.150）在这个例子中，交叉的用法不表示追体验，而是

附录一 体验过程对于心理治疗理论的根本性冲击：对于两种交叉的检验

隐喻和情境在语言上的交叉，在这个例子中，将椅子与愤怒交叉，"隐喻将这个词从原来的情境带入到新的情境，两个语境交叉，形成了新的某种东西。（Gendlin，1986，p.150）"

相比之下，传统的隐喻理论认为，隐喻与情境的相似性是最重要的，在简德林的隐喻理论中，相似性是在向前推进之后发现的（Gendlin，1995；冈村，2016）。因此，起初，愤怒和椅子之间并没有明显的相似之处，但是随着体验过程的推进，相似性变得显而易见。之后我将举一个聚焦面询的例子来说明这一点。

冈村（2016年）指出，简德林的两个语境的交叉可以在日本猜谜游戏"Nazokaké"的一种传统结构中看到。的确，Nazokaké 这个词由两部分组成，nazo 的意思是谜语，kaké 的意思是多重的、交叉的。虽然极其困难，我还是笨拙地尝试了一下用英文解释清楚 Nazokaké，结果看起来更像是双关语。但是，我希望能够传达 Nazokaké 的俏皮感和结构。Nazokaké 由三行组成：第一行是 kaké，我翻译为"交叉"；第二行是 toki，我翻译为"解决"；第三行是 kokoro，意思是"心"，但我会把它翻译成："核心"。

当聚焦与现象学被交叉
如果用我的"Levi's 牛仔裤"来解决
核心是什么？

——答案是 Gene's（Gene 是简德林的昵称，Gene's 即简德林的，与牛仔裤的英文 Jeans 同音。）

之前简德林解释交叉的例子与 Nazokaké 有着相同的结构。

当你的愤怒被交叉
如果用"椅子"来解决

核心是什么？

聚焦也有着同样的结构。比如说，当一个人对他的工作环境聚焦时，感觉到胸口好像有一片灰色的云，那么可以用 Nazokaké 的结构来表达。

当你胸口那片灰色的云被交叉
用"你的工作环境"来解决
核心是什么？

下面这个来自于一次聚焦面询的片段是关于第二种交叉的。尽管没有明确使用 Nazokaké，但可以看到相同的谜语结构。

一位聚焦初学者在一次聚焦演示中自愿做聚焦者。她说她习惯不断抚摸自己的头发，想知道聚焦是否能帮她摆脱这个习惯。她说她不喜欢自己的卷发，她把头发烫直，但是头发根部还是卷曲的，这让她烦恼。我告诉她，我不知道聚焦是否能帮到她，我们当然可以试一下。我问她：你的手想要通过触摸头发做什么？她说，她的手一直在寻找卷曲的头发，然后想要把它们拉直。我问她，我想知道这是否对你有意义——如果你对自己说，我想要理顺我卷曲的生活，并且过着平常的生活，在你那里会发生什么？让我惊讶的是，她的眼泪涌出来。她感受到的是，她父母的关系紧张"卷曲"，她一直在两个人中间摆平很多事。接下来她花了大概30分钟，谈她如何不断地摆平父母的关系。当聚焦结束，她看起来精神振作，对使用隐喻的力量感到惊讶。我觉得惊讶的是，在聚焦过程中，她在交叉之后根本没有再碰她的头发。

在这次聚焦中，我们将弄直（摆平）卷曲与她的生活交叉。它有 Nazokaké 的结构，尽管我并没有这样说。

附录一 体验过程对于心理治疗理论的根本性冲击：对于两种交叉的检验

> 当想要弄直卷曲的部分被交叉
> 用"你的生活"去解决
> 核心是什么？
> ——答案：我想要弄直我父母之间卷曲的关系

7. 两种交叉并非孤立存在

以下片段来自我在中国的工作坊。它显示了本文阐述的两种交叉以一体化的形式发生。这次聚焦演示及对在这次聚焦中创造意义的讨论，已形成文献，在日本发表（池见阳，李明，王晓芳，2016）。在本节中，我将总结这次演示，以及在后续的讨论中聚焦者会发生什么。

聚焦者胸口有一个体会：像乌云形成的一顶颠倒的帽子。聚焦结束了，聚焦者仍然困惑于这顶颠倒的帽子意味着什么。我们一同当众回顾这次聚焦时，我将我的追体验与这顶帽子交叉。很快，她意识到，由于颠倒的帽子是一顶帽子，它不能关闭，只能接收，不停接收，接收她想要的一切。她还回想起来，自己最近有一次吃得过多，之后她的肚子总是很胀。当我听到这里，一个词出现在我的追体验中。我说，也许……你……这顶颠倒的帽子是贪婪的？聚焦者笑了起来说，就是这样！你怎么会这么准确地理解我？然后她说，她刚开始经营公司，想做的太多了，以至与助手的关系变得紧张。她说，是的，她很贪心，导致了不和谐的关系。我们分别在5天后以及一个月之后对这次聚焦做了回顾。在接下来的回顾中，她说，她起初不想承认自己很贪心，但现在她意识到她一直以来都是贪心的。贪婪是她学习、事业以及生活的各方面微妙但很大的部分。想要更多的贪婪一直推着她，使得她内心背景是红色的。但是现在，她的内心是温柔的蓝色的海的颜色，她说，甚至她的胃也感觉很好！

在这次聚焦中，当我追体验她的颠倒的帽子，贪婪这个词出现。当我向她说出这个词时，我的追体验与她的体验过程交叉（追体验交叉）。然后，贪婪这个词与她的生活情境进行了交叉（隐喻交叉）。两种交叉以一体化的形式发生。

8. 对心理治疗理论的意义

我相信，对简德林哲学的两种交叉的阐述将对心理治疗理论产生根本性的冲击。自从心理治疗出现的早期，出现在意识体验的内容就被认为是储存于潜意识中的记忆的表达。"癔症主要源于记忆的困扰"（Breuer，Freud，1893/1966，p.7）是由精神分析最初的著名观察所得。从此以后，记忆被认为是精神分析中具有特征性的认知活动。精神分析师们试图使用催眠和自由联想来恢复记忆，通过从过去事件中找出原因，来解释人的体验。这种模式需要精神分析成为决定论，因为意识是由源自过去的潜意识过程决定的。

如前所述，卡尔·罗杰斯在他的个性和行为理论中也使用了这个范式（Rogers，1951，1959），至少在20世纪50年代。然而对于简德林来说，意识在本质上是具有创造性的。如我们知道的那样，它在创造意义和理解体验。具有特征性的认知活动是交叉而不是记忆。精神分析学家阐述的许多概念可以通过交叉创造出新的意义，但体验从来不是由这些概念决定的，也不是由过去决定的。如果经过反思，人们发现一些体验是由过去的事件决定的，那么这也是刚刚创造出的新的意义。

正如标题所示，本文探讨了简德林哲学对心理治疗理论的冲击。这个理论对心理治疗实践的影响是深刻而微妙的，因为本文阐述的理论是为理解治疗关系中发生的情况提供一个视角，而不是一种特定的治疗技术。对于如何从这个视角理解心理治疗实践，作者欢迎案例研究和进一步地讨论如何从这个角度理解心理治疗实践。

致谢

作者对以下人士对本文初稿的阅读及意见表示真诚的感谢：Niel Dunaetz，Dana Ganihar，Mary Jeanne Larrabee，Naohiko Mimura，Rob Parker，Evelyn Pross，Donata Schoeller，Satoko Tokumaru，Catherine Torpey and Greg Walkerden。我对尤金·简德林（1926-2017）致以最诚挚的感谢，这一切由他而来。

原载：

Ikemi, A. (2017) The Radical Impact of Experiencing on Psychotherapy Theory: An Examination of Two Kinds of Crossings Person-Centered & Experiential Psychotherapies

https://doi.org/10.1080/14779757.2017.1323668

附录二 向日葵、沙丁鱼和回应性共同身体过程

笔者：池见阳

译者：杨瑞凤

这篇论文从作者对尤金·简德林哲学阐释的角度，探索了具身化的话题，而简德林哲学是从聚焦取向的心理治疗中延伸而来的。另外还整合了一部分佛教的思想。基于这些探索，我创造了共同身体过程（combodying）这个词，来表达和其他存在一起的身体性生命体（bodily living）的不断产生的过程。每一刻，共同身体过程都在过程性地产生新的生命过程，这是先于我们的反身性觉察的。共同身体过程的各个方面主要是内隐的，这么说是由于它们在我们觉察到之前发生。反身性觉察让新的关于共同身体过程的某些方面的明在化得以发生。这些明在化不仅仅是共同身体过程的解释，从某种意义来说，共同身体过程的某些方面会对我们的明在化过程进行回应。

1. 引言

这一关于具身化的特殊议题给了我一个机会，来建构已经在我大脑的某个角落里存在了一段时间的想法。在这篇论文中，我将对这些想法加以探索，可能还有空间来进一步发展这些想法。针对具身化这一主题，我提

出了三个方面的视角,"向日葵""沙丁鱼""回应性的共同身体过程"。在这篇论文的结尾,我还想将其他一些方面的含义与这三个视角相结合,这也将这篇论文根植于以人为中心的理论与实践上。

毫无疑问,一个人的想法会受到他(她)背景的影响,这篇论文中阐述的想法当然也不例外。我将简单介绍我的背景,从而为读者领会其中一些想法提供路标。我在日本出生、长大,和佛教的思想与实践一直是比较接近的,虽然我从来没有正式地研究过它。我在芝加哥大学学习了尤金·简德林的哲学和治疗,对我有着深刻的影响,这也明显表现在这篇论文中。他对暗在和明在化的现象学,尤其是他的将身体带到我们思想及互动的核心的观点,对我有着深远的影响。另外,对人创造新事物、新意义和新的生活故事的观点,也是一个振奋人心的观点。我也在这篇论文中对其中一些方面加以阐述。作为一个治疗师,我在一个医院的心身疾病科开始我的工作,也许也是因为这一背景,我对身体有着持久的兴趣。这引领我在一个医学大学去研究生理学,并取得了我的博士学位。我以这样的个人介绍开头,邀请读者进入这篇文章。

2. 向日葵

当我开始思考身体和具身化时,我最初想到了向日葵。在我的印象中,尤金·简德林曾写道:"我们有着植物的躯体。"我原本以为,他举了一个向日葵的例子来解释他在这篇文章中想要表达的含义:"关于身体的三个主张"(Gendlin,1993)。但当我重新阅读这篇文章时,却没有找到向日葵。这么说来,向日葵只能是我的想象了。

简德林的这一主张究竟是什么含义?我稍后将回到向日葵上。首先,让我们来看看简德林在这篇文章的第二部分"我们有着植物的躯体"中究

附录二　向日葵、沙丁鱼和回应性共同身体过程

竟写了些什么（Gendlin 1993，p.25）。

> 植物没有我们的五感。它不能看、听或闻。但是很明显，植物在其生命体中带有信息。它依赖于自己而生，如果环境能够配合提供它所需的，它会组织它身体过程的下一个步骤，并使之发生。所以植物具有关于它所处的以及它所需的空气、土壤、水和光的信息。它从这些东西中制造出自己，因此，它带有（甚至可以说它是）关于这些事物的信息。但这不只是关于在它们旁边的土壤和水。而是关于植物以这些东西生存，从中生长出自己的更为复杂的信息。

在这段摘录的第一个部分，简德林驳斥了我们通常所相信的，信息一定是通过我们的五感"输入的"。从这一普遍观点，以及大多数的哲学和心理学的观点出发，人的本质中没什么别的，除了被输入的信息。"天赋观念（innate ideas）"受到质疑，我们所知道的一定都是通过我们的感官所获得的，也是持这一普遍观点。

简德林多次驳斥哲学及心理学领域中的这一普遍观点。哲学方面，他的标题为"身体是首要的，而不是感知"的文章清楚表达了他的观点。而关于心理治疗的理论，简德林回忆自己尝试说服卡尔·罗杰斯，核心三条件未必需要被来访者知觉到（Gendlin，1990）。对简德林来说，无论我们是否感知到，我们的身体都在和环境互动。因此，来访者的身体已经受到治疗师的影响，即使来访者没有感知到治疗师无条件的积极关注或是共情。

植物没有输入的感知渠道，但它完全知道如何活着。在这篇摘录的中间部分，简德林写道：它依靠自己生存。它组织了它自己的下一个身体过程，并使之发生……

身体有能力"依赖自己而生"，身体组织其生命过程的接下来的步骤。

从它组织信息，并产生自己的生命过程这个角度来看，身体是一个过程（processing）。向日葵朝向太阳，虽然它并没有眼睛去看，虽然没有人教它这么做。它生长得更高，有时会向边上生长，这样其他植物的枝叶就不会挡住它的阳光。如果你到一片向日葵（或其他任何花）的田里，你会注意到每一朵向日葵都和别的有一点不同。花的尺寸可能不完全一样，不同叶子、不同花瓣、不同植物之间，颜色深浅可能会有所不同，茎的高度、宽度以及形状也不完全一样。花朵的形状也各不相同。每一株之间都不会完全相同，就像工厂里生产出的产品也都各不相同一样。每一株植物加工处理多样微妙的关于土壤、水分、光照、风、温度、昆虫等的信息，而且它们产生出自己的生命过程。

在这一摘录的接下来的部分，简德林写道：

> 它拥有信息，或者我们可以说它本身就是信息，这是<u>由于（since）</u>植物的生命体是由土壤、水分、空气和光制造出的。它从这些东西中生产出自己，当然它也包含（它就是）这些东西的信息。（下划线由作者添加）

当然，"信息"是一个人类的概念。所以，植物并没有这样的概念，植物就是信息。这花了我一些时间来理解这个词——"由于"（上文中的since）——在引用的这段文字中的功能。听起来有点奇怪。让我来给出另外一个例子，以说明简德林使用的"由于（since）"。

人类身体据说有大约57%是水。更确切地说，身体中水的重量平均下来大约是成人人类总重量的57%。这么说来，在很大程度上，我们的身体是由水构成的，身体中水分的减少会马上影响我们的整个身体。一个人可能没有身体中钠离子水平降低的信息，或者也不知道"脱水"的信息，但当这发生的时候，人类个体会口渴。这么一来，口渴本身正是有机体遭遇脱

附录二 向日葵、沙丁鱼和回应性共同身体过程

水的时候的生命过程，和所发生的情形，因为人类身体是由水构成的。我不知道这么说是不是比简德林采用"由于（since）"的表达更好，但是我希望用这个例子来凸显简德林在第二段文字中想要表达的。

第一段摘录的最后一行内容是：而是关于植物以这些东西生存，从中生长出自己的更为复杂的信息。

复杂的、微妙的、多重的"信息"是植物的生命过程，它自己的制造过程。简德林经常用生命过程（living）而不是生命这样的表达方式（请见Gendlin, 1973）。它传达了一种生命向前的、产生性的生命过程。

就像向日葵田，每一株植物都和别的植物有些不同，每一个人类身体也和别的身体不同。当然，这些不同在某种程度上是由基因决定的。然而，如果你观察一群人走路，你会注意到每个人走路的方式也有些微的不同。人们具有他们自己的，对走路时带有的许多因素的微妙的平衡。体重；身体的许多部分、腿和胳膊的长度；脚的尺寸和形状（甚至左脚和右脚有些不同）；小腿、大腿、臀部、肩膀、脖子及身体其他部位的肌肉的健康；许多关节的结构和状况；呼吸、循环、消化等生理状况；这个人当时的情绪状态和日程安排；鞋子的类型及是否合脚；包，及其他佩戴的东西；气候条件如温度、潮湿度、风是否很冷、风速；学习和模仿的结果……这一清单可能没有穷尽。所有这些微妙和多重因素的信息影响了行走。更精确地说，特定状态下的走路，是当下所有信息的持续发生，从而不断产生出的、生命自发向前的过程。身体的某些部分的痛苦，大腿肌肉的疲乏、消化不良、街道海拔些微的升高，都会立刻带来行走上的调整。就像植物，人类每走一步，身体都在加工并产生他们自己的生命过程。

过程产生性的生命过程（processing-generating-living）常常都不被理解，尤其在心理治疗中。比如说，一个来访者问我："体会是怎么知道对我来说正确的方向的。这是一些我从父母那里学到的，储存在我的潜意识中的东西吗？"

我不知道如何立即回应这个问题。在我看来，我有太多东西要说，来回答他这一问题。短暂的停顿之后："向日葵是如何知道它朝向太阳是对的呢？"显然，向日葵爸爸和向日葵妈妈并没有教它这一点，所以教导未必需要储存在潜意识中。

来访者看起来很困惑。所以我告诉他："并不是所有东西都是之前学习和获得的结果。身体可以从其自身进行组织，并进一步活出来。"我想知道这样说对他来说是不是有意义。

这一互动过程凸显了心理治疗中至少三个被普遍认同的假设。首先，我们所感受到的一定是从我们的感官中进入到我们身体中的。其次，这一定是在过去发生的，因此我们所感受到的一定是一些记忆内容的不完全表征。第三，这些我们不能精确觉察到的回忆内容一定是在潜意识当中，而这部分区域是被潜抑或禁止的，以免被觉察到。这些假设被广泛认可，这也许是精神分析理论的遗赠，这样的理论试图追溯意识性现象的潜意识来源。或者可以说，精神分析理论也许是建立在这一被广泛认同的假设上。

如果我们和简德林一道，拒绝第一个假设，我们也会拒绝其他两个假设。换一句话说，如果我们所知道的不是被输入的，那么它也许不是回忆，因而它不可能被储存在潜意识中。

当然，记忆或习得的东西影响我们。他们就像泥土中的矿物质之于向日葵。身体的**过程产生性的生命过程**加工它所拥有（或它所是）的任何信息。因此，记忆和任何我们所习得的内容都和其他多方面的信息被一起加工处理，来产生生命的过程的下一个步骤。

与此同时，我的来访者的问题还指出了另外一个在精神分析以及日常生活中的，被广泛认同的假设。简德林（1990，p.208）批评弗洛伊德的精神分析理论，基于在精神分析中"身体并没有任何的行为序列"。无组织的本能能量被储存在一个假设性的地方，称为本我（id）。本我是一个驱力能量的大锅，只能通过自我被释放掉，而自我是为了符合社会模式。"他

(弗洛伊德)假设，任何一个人类的行动都是由身体之外的一些模式形成的……除了这个理论强加的组织，没有任何东西……身体被假设没有任何的行为序列，没有任何和它自身的互动。"带着我们有着植物的身体这一主张，简德林提出了下面这一观点，即身体是怎样具有（或者说就是）某种从其自身产生出来的序列。在另外一篇文章中，简德林（1973，p.324）举了一些例子来证明这一点，比如说，没有任何一个人去教一个婴儿怎么爬。爬行的身体运动是婴儿身体自身产生并进行的。

在心理治疗中，反身性的明在化产生了新的生命过程。（这一点的某些方面在这篇论文的后面部分会提到。）简德林写道：

> 一个人在心理治疗中会改变；一个人并不只是更完整地知道了过去。一些新的方式也<u>产生出了</u>——这些新的方式显然并不只是逻辑性地跟随过去。没有任何人能够简单地把新的方式从上往下地强加在一个人的身上。这里确实有某种新的对我们自己的设计所起的作用，但这本身并不会那么改变我们。我们必须让自己成为怎样的愿望，和对我们现在怎么样的体会相联结。之后，新的，更为精妙的、细小的改变步骤会浮现出来，而这引领我们朝着某种更好的、更为设计精良的改变，而并非那么朝着我们所设计的方向。（Gendlin，1973，p.27，下划线由作者添加）

在治疗中，一种新的存在方式产生出来了。这种观点和通常所持的观点不同，即来自我们潜意识中的记忆活现出来了，我们生命方向是被过去输入的东西所预先决定的，或者说我们的生命过程是强加在我们身上的社会模式的活现。相反，产生出的一些东西相比社会塑造、过去的指令、甚至我们自己对未来的愿景，都是"更为精良的锻造"。这是一个持续性的产生新的东西的过程。

3. 沙丁鱼

我经常会想到一群小鱼，比如说，沙丁鱼。当我看到一群小鱼在捕食者来临的时候，它们在信息中舞蹈，并会即时地一起做出反应，我总是充满敬畏。比如说，当一只大的吞拿鱼来了，整个沙丁鱼鱼群都会立刻转向一个新的方向，它可能会立刻分成两股鱼群，每一个鱼群会立刻去向不同方向，这究竟是如何发生的？

这不可能是因为在鱼群中有个沙丁鱼队长乔在指导方向。大吞拿鱼在十点钟方向逼近我们。好了，数到三的时候，我们都转向右侧17度角，爬升到18度角，然后提速到每小时25海里。走……

这根本就不可能。如果队长的命令从一条鱼传到另一条鱼，鱼群中的最后一条可能会移动延迟。但看起来并不是这样。所以，沙丁鱼之间的沟通看起来并不是从一条向另外一条。也不可能是沙丁鱼预先排练了捕食者从各个可能的方向和深度来袭的结果。因为，虽然我不是海洋生物学专家，整个鱼群的移动看起来并不像是基于沟通的，也并非是某种习得的行为模式。

这让我思考是否这里有一个个体的"身体"，或是每一条鱼有一个独立的身份。看起来并不像是沙丁鱼队长乔在这里，那边有一个鱼叫"比尔"，他的妻子莎莉紧跟着他。而是，看起来整个鱼群是一个身份，一个身体，有些时候会分裂成两个或更多的身体，或与其他身体立刻融合。

一个沙丁鱼的物质存在并没有固有的自我认识。并不是有个乔或比尔在那里。个体的沙丁鱼原本的存在是空性的。但一旦我们意识到个体的沙丁鱼是空的，接下来我们就看到了一个更大的存在。鱼群、洋流、潮汐、海的深度、水温、其他鱼的方向、天空中的鸟儿、捕食者、气候、风以及许多更多的。所有的这些都"在（in）鱼群的运动中"。因此我们所看到的，用一行禅师的话来说（2009），并不是一个单独的鱼，而是一种你中有我的存在（inter-being）。

宇宙在我们的身体"之中"，而身体又在宇宙"中"。太阳、风和土壤都在向日葵"中"，而潮汐、月亮都在沙丁鱼"中"。自然到处都是这样的例子。海龟在满月的夜晚产卵。科学家相信，这和满月时的潮汐有关，由于满月，潮汐更高，将海龟送到相比潮汐较低时更靠近陆地的地方。但不管怎么说，白天的光亮和夜晚的黑暗，太阳和月亮，海平面的升高与降低，都在海龟之中。简德林（1973）在他的论文中提到了松鼠：一个松鼠在一个金属的笼子里出生，从来没有见到地面上的坚果，但在一定年龄给它一个坚果后，就会把它"埋"起来。也就是说，它会在金属地面上刮擦，捡起坚果，把它放在它刚刚刮擦过的地方，集起想象中的泥土放上去（p.324）。土壤在松鼠中，即使它是出生在一个金属笼子中。在后来关于过程模型的文献中（Gendlin，1997b），简德林使用短语"身体-环境"来表达这一点，身体是带有环境的存在。

人类的身体要比上述例子复杂许多，因为人类还生活在一个象征性的世界"中"，象征性的世界也在人类的身体"中"。我们用言语来沟通，文化和历史又在这些言语"中"。我们关心数字——收入、股票、汇率、时间——这些是我们身体的生命过程。我们的话语和其他人的话语也是如此。我们伴随着象征而活，并生活在其中。

英语词汇"具身性（embodiment）"也许有一个二元的意涵，源自西方文化。对这个词的精确的日语翻译可能并不存在。这个词可能来自文化背景，其中精神被假定是物理躯体的化身，或是包含在、封装在我们的物理躯体中的。前缀"em-"意思是"放进去"。直到现在，这篇论文都是在描述一种共同身体性（com-bodiment），身体超越了其本身，和宇宙共同存在（com）。身体被看作在生命过程的每一个时刻中，和整个宇宙一起，**过程性地产生出自我**。这一对身体的观点我们将称之为共同身体过程（combodying）。

4. 觉察的前反身和反身性模式

在另外一篇论文中，我已经讨论了意识或觉察的前反身性和反身性，陈述了这是关于意会即"被感觉到的意味"和体会的（Ikemi，2013）。在这篇论文中，我将讨论这两种觉察模式和相关的暗在（the implicit）。

前反身性觉察是在觉察到自己之前的意识，或是在反思和沉思有这样一种方式的意识之前的状态。在反身性的觉察中，人们沉思他们的体验。比如说，在开车时，我可能完全沉浸在驾驶中。我在驾驶的前反身性时刻中是一体的。我没有反思在这样的路况上，到达某一速度，我的脚踩油门用多少力合适。我没有沉思为什么这样的速度对我来说感觉对头，甚至它也许比限速要稍快一些。我没有在计算在这一速度下，为了换道我应该转多少度方向盘。这些驾驶中带有的活动前反身性地在我这里发生，换句话说，是在我对它们进行反思之前。

我可以在我的驾驶中变得具有反身性，当我注意到我的速度比我通常的速度快，开始觉察到我自己的心跳和呼吸有点浅。我可能会注意到由于某个或其他原因，感觉到自己有些攻击性。是的，我确实觉得有攻击性……是刚刚那辆缓慢的卡车堵住了快车道让我有些不快，还是……不是，是什么别的东西……哦，是和那个人争执带来的……我还在生气？在这个时刻我在一个觉察的反身性模式中。

这个例子阐明了在日常生活中，我们如何在觉察的前反身性和反身性模式之间切换。更准确地说，我能够对驾驶一辆汽车的某些方面维持一种前反身性的觉察状态，同时，我可以对在驾驶汽车背景中我感受到的攻击性进行反思。

这一例子还呈现了，伴随着反身性的觉察，我能够明在化我对某个争执的愤怒，这在片刻之前，前反身的驾驶的时刻中，还是暗在的。当愤怒被明在化以后，我意识到之前在一整段时间中我都是生气的，这是为什么我车开地那么快。我稍后会再回到有关"之前"这一点。

据我所知，尤金·简德林还没有写有关暗在和前反身性觉察的联系。然而，在一篇文章中（Gendlin，1973），他附带地提到了前反身性觉察，请见下段文字。"这是'前概念'一词的含义"（用到的一些其他词有：前本体论的，前主题的，*前反身性的*）[p.322，斜体为作者添加]。在这篇文章，我尝试呈现前反身性的觉察和暗在之间的关联。

5. 向日葵、沙丁鱼和反身性觉察

我使用了向日葵和沙丁鱼为例阐述了共同身体过程，这在我们的生命过程中的每一刻、每一次呼吸、每一个步伐中都在发生。共同身体过程，或者说与宇宙及象征一起的，过程产生性的生命过程，在前反身领域发生，我们并不经常对其进行反思。不过，我们能够使共同身体过程的某些方面的本质明在化到达一定的程度，这样我们就可以对其进行反思。

身体不是一团混乱的本能性冲动。它有其序列，或者说它就是被持续加工、被产生、被活着的序列本身。与其说，"身体是潜意识的"，我更倾向于说身体存在的一些方面（共同身体过程）是前反身性的，另外一种说法是，他们还尚未被反思。当共同身体过程中的一些方面停留在尚未被反思的程度时，看起来就像是这些方面是"无意识的"或者说他们似乎缺乏意味的形式。我们可以把这一主张换一个说法，那就是，我们能够对我们的共同身体过程的一些方面反思到什么程度，就能够将我们的身体性存在的意味形式明在化到什么程度。

为了对共同身体过程的一些方面进行反思，需要有概念性和体验性的知识。人类能够创造巨大的、细节精确的概念。这些概念允许我们来对共同身体过程的一些方面进行反思。医学，比如说，已经产生了大量的关于我们身体的相当细节化的概念。我们拿"酶"或"环氧合酶（COX）"的概念举个例子。我们不能体验到 COX 在我们身体里面感觉是如何的，所以 COX 不是一个体验性的概念。不过，带着这个知识，发炎的机制可以被解释。因此，药物，比如说非甾体抗炎药（NSAID）抑制了 COX，所以能够缓解痛苦和发炎。带着这样的概念性知识，人们常常能够反思他们的身体状况，从而理解他们有发炎的情况，而 NSAID 可能会发挥作用，缓解症状。

古代的印度教和佛教密宗的修行者发现脉轮能够影响身体过程，这是西方医学无法解释的。古代中医发现身体中的经络，通过压迫和针灸刺激经络能够产生疗愈性的效果。据说，使用针灸的话，一些外科手术甚至可以不需要麻醉。类似地，气功师理解"气"的不调，用气治愈患者。通过脉轮、经络、气的概念，实践者可以思考患者的身体状况，可以以某种有意味的形式明在化共同身体过程的诸侧面。有多少脉轮、经络、气和西方医学的知识，就能在多大程度上来反省身体。当不同的知识体系被发现时，不同的对共同身体过程的反思方式就会被明在化。这么说来，知识越扩展，我们能够反思并创造出有意味形式的范围也就越扩大。

除了概念性的知识，体验性的知识也可以扩展我们的反身性觉察的范围。让我们用健身馆中的身体训练来举例。当人们还不太习惯身体训练时，他们被告知他们是紧张的，他们需要放松肩胛骨周围的肌肉。他们可能不知道怎么做。他们甚至都不会特别注意到他们肩胛骨周围的肌肉的紧张，只是会说"肩膀硬硬的"。只有当一个健身教练触及他们肩膀周围的肌肉来展示给他看，问他们是否注意到某个特定区域是否有些紧张。而只有呈现给他们看如何运动这些肌肉，他们才会找到某种方式来放松他们。但当他们体验到了放松肩胛骨周围的肌肉时，他们现在才能够把他们的注意力导向这些肌肉。这种肌肉的张力一直处于暗处，直到反身性的觉察将它们带入光亮中。另外一种表达方式是，原本暗在的处于"僵硬肩膀"中的某种肌肉紧张现在被明在化了。

类似地，瑜伽修行者，脊椎推拿治疗者，聚焦训练师，阿育吠陀，整骨药师，不同取向的身体工作者可以呈现共同身体过程的不同方面，而它们之前都未被我们觉察。比如说，在聚焦中，许多来访者起初没有办法找到体会，但一旦他们找到了，他们就能够不一样地来体验到状况。带着对体会的觉察，他们不再那么情绪化地对一个情境进行反应，而是能够注意到对这个情境的体会。带着一种拓展了的概念性的和体验性的知识，一些不同的，对我们身体以及我们的象征性境况的意义被明在化了。

6. 共同身体过程会进行回应

共同身体过程的一些方面，更精确地说，过程产生性的生命过程的序列，对我们的反身性的明在化进行回应。情况并不是：我们的概念性和体验性知识能揭开静止在那的、静态的、不会改变的、隐藏着的、等待被发现的序列；而是这一发现改变了序列。

让我们回到肩胛骨周围的僵硬肌肉这一例子。带着环绕肩胛骨的紧张肌肉，一个人的身体总体上有些紧张，肩胛骨的运动明显受损。锻炼武术的人，比如说日本古武道认为肩胛骨就像是两个可以转动的倒三角，两个肩胛骨可以聚拢到一起，几乎是粘在一起，它们又可以相互分开。没有锻炼过这种运动的人就失去了对肩胛骨的如此精准的控制。但一旦他们能够注意肩胛骨，并能够重建起某种运动，整个身体功能会发生改变，包括呼吸、总体活力、姿势、运动、总体肌肉状态、情绪。一个身材娇小的女士，第一次参加了古武道工作后,学到了重建肩胛骨运动到某种程度。第一次结束时,她能够轻松地把一个壮汉甩出去。她的身体改变了。身体会对我们的觉察进行回应。

"我们的过程(procedure)确实会改变自然",简德林(1997a)写道。对肩胛骨加以一定的训练后,一个人原本紧张的身体,现在已经不再紧张了。"这个人之前是紧张的。但是,这一追溯性的'之前'不会再倒回去,因此,这是一个向前推进(carry forward)"。由于身体的紧张已经经由训练向前推进了,我们是否可以说这个人之前是紧张的。过程、训练将身体向前推进到不同于它之前的另一种状态。这里有一种特殊的暂时性("temporality"),一种特殊的时间形态(Gendlin,2012)来将暗在明在化了。反身性的觉察,让我们向前,将我们向前推进,而这种向前的状态让我们能够发现之前在那里的是什么。因此,我通篇论文都采用"之前是暗在的"这一短语。

这并不是说反身性觉察知识解释了或是揭示了自然的不可改变的序列。当我们概念性地或体验性地觉察到身体之后,身体就不需要保持原样了。共同身体过程会回应我们对其的觉察。

7. 一些含义

本文中提出的一些想法和卡尔·罗杰斯所定义的"实现倾向"有共同的基础。罗杰斯(1989,pp.380-381)回忆在他的童年时代,当他在地下室看到储存了一个冬天的土豆时,他受到了触动。浅浅的白色的芽从这些土豆上长了出来,有二到三英尺高,向着遥远的窗边,来凑近阳光。即使是在不利的条件下,这些土豆的芽奋力地向着阳光生长。就像是这篇论文中的向日葵,罗杰斯地下室里的土豆也在过程性地产生它们自己的生命过程。实现倾向的这个方面和本文中以向日葵为例子加以陈述的第一个观点相应，罗杰斯思想和本篇论文的共享的基础便是这一点。心理治疗中，我们能够理解一个人的生命过程，其中包含一些症状，这些症状是一个人"奋力去成为（striving to become）"，又或是某种过程产生性的生命过程（processing-generating-living）的某种方式的表现。

这篇论文中以沙丁鱼示例呈现的第二个观点，则补充了罗杰斯的思想。共同身体过程的概念尝试呈现土豆的"奋力去成为"的过程并不是独立于地下室的阳光、空气、湿度和温度的。比如说，土豆的光合作用过程会微妙地影响储藏室的空气，更多的氧气被释放出来，这又会微妙地影响其他植物、霉、微生物以及地下室里的所有生命体。反过来，其他地下室里的生命体又会微妙地影响土豆的生长。共同身体过程提醒我们所有事物会被所有事物所影响，这也和简德林（1977b，pp.38—46）在过程模型中所称的"万物相连（everything by everything）"相呼应。

回应性共同身体过程的第三个观点，对罗杰斯的实现过程提出了一些有趣的疑问。我并不会把回应性共同身体过程称为某种"实现"倾向，这是由于"实现"一词暗示了这里有一个身体要变成的、预先决定的实体。比如说，向日葵种子会成为一株向日葵这是预先决定的。但我们说到人类，这就复杂太多了。在许多文章中，罗杰斯用短语"他变成了他本来的样子"来解释实现过程。就好像那里有一个预先决定的自我，某种存在的本质在召唤自我去成为它。相反，我相信人类是异常开放的。共同身体过程持续产生它自己的生命过程，我们并不知道这样的生命过程是否在接近或是在实现——某种应该在生命过程之下存在的某种自我。根据本文中第三个观点，即共同身体过程是回应性的，"一个个体是怎样的"并不先于一个人的生命过程存在，而是在对我们的生命过程的反思性觉察中浮现出来。可以用一段简短的个案材料作为示例，来清晰阐述我想要表达的内容。

一个来访者，他认为他的真实个性是内向的、社交恐惧的，有一次在治疗中他突然意识到,他曾经在一个危机情境中受到伤害,而且这一状况在他的工作情境中延续发生。这个感觉转换发生之后,他说道:"事实上,我喜欢人们,我喜欢和人们一起工作。"现在,当他意识到他曾经是工作的危机情境的受害者时,他不再把自己的焦虑症状,及因此缺席工作归因到他的内向个性上了。现在,他回忆起他生活中的一些事件,那时他喜欢社交,也比较外向。在这次咨询中,他提到他在大学时,创建了一个曼陀铃俱乐部,他很享受和朋友一起表演。一个内向、社交恐惧的人,实际上是"他觉得自己是这样",而"他是怎样的"在治疗中的反思性时刻发生了变化。反身性觉察带来了"一个个体是怎样的"。

实际上,罗杰斯的著作中有一些模糊性,比如说,他所说的要去实现的"自我"究竟指什么,也许我的观点也未必和他的有多少不同。他写道"存在性的生命过程",这是指"与其说自我和个性从体验中浮现,还不如说体验被诠释,或者说被扭曲来适应所预想的自我结构"(Rogers,1961,pp.188—189)。上述的临床个案似乎应证了罗杰斯的观点。其他一些情况下,罗杰斯似乎又以不同的方式来看待自我,甚至就在同一篇文章中。比如说,在"成为一个人意味着什么"这部分内容中(Rogers,1961),罗杰斯谈到一个短暂的"感受的体验过程",在那个时刻,那个人的"依赖性"或是某种别的感受正在被体验到。但在同一页,罗杰斯写道:"当一个人在整个治疗过程中以这种方式体验到所有的情绪,在他的身体中机体性地升起……当他体验到他自己,以他在身体中存在的所有的丰富性。他成为了他所是的他自己"(p.113)。在这里,自我并不是一个短暂性的感受的体验过程,而是当所有感受被体验到之后所达成的。在下一页,罗杰斯提及一个来访者,写道:"成为她自己意味着存在在她从不停息的体验的变化之流中找到某种模式,潜在的秩序"(p.114)。这里呈现另一个对自我的观点,自我并不是一种短暂性的感受的体验,或是对所有感受的某种体验,而是一种模式或秩序,某种像是这个人"本质"的东西。考虑到罗杰斯所使用的成为"自我"的含义的模糊性，本文中所提出的观点可能会赞成他的"实现倾向"或是"成为的过程"，也可能会不赞同，这取决于如何解读罗杰斯。

本文中提出的观点主张看到身体作为有机体，会和宇宙一起产生其自身的生命过程，并强调反身性觉察，个体可使用反身性觉察来理解共同身体性的生命过程，并能够进行改变。这一视角也许和一些相关理论及心理治疗实践有许多类似之处，也有许多不同之处。这些是否能够帮助聚焦（Gendlin，2007）及全身聚焦（McEvenue & Doi，2004）的实践？这些视角与以人为中心疗法中的反身性这一议题（Rennie，1998）或关系视角（Cooper & Ikemi，2012）有何关联？佛教的视角，比如说禅疗法和冥想实践，比如说正念，也许和本文的观点也具有相关性。对这些话题进行细致检视，也许会帮助我们更加理解回应性共同身体过程以及心理治疗的实践，从而带来更多的收获。

附录三　汉字智慧与聚焦取向心理疗法的相遇
——汉字聚焦的心理咨询技术*

作者：徐钧

本文阐述以聚焦取向心理疗法的理论和实操为基础，整合汉字文化所新发展的汉字聚焦的心理咨询技术。以案例结合聚焦理论进行解释说明。

1. 前言

汉字是世界文明古国所产生的原发性文字中惟一现在还在使用的文字。汉字是世界上惟一高度发达的表意文字体系（窦文宇，窦勇，2005）。自传说中的中国远祖之一的仓颉改革结绳记事而造字开始，陆续出现甲骨文、金文、篆文、繁体、简体等，汉字经历了近四千多年的发展。汉字影响整个中国文化发展。汉字也是影响整个东亚文化发展的重要载体，也随着华人群体在全球的扩散而在得到一定程度的传播。

聚焦取向心理治疗（Focusing，有一个历史阶段也被称为体验疗法，以下称为聚焦）是以人为中心心理疗法的当代重大进展之一，它得益于罗杰斯及其同事简德林的治疗过程与体验的实证研究，即绝大部分的有效心理

---

*本篇文章发表于 2017 年第一届中国文化与心理治疗学会会议。

治疗引起来访者转变的发生，必定伴随有来访者身体的"一种感受性的振动"（体会，felt sense），咨询发展的过程往往是：对体会定位，并进一步地推敲、讨论，然后开始渐渐发生转化。

汉字聚焦，即发生在两者的相遇过程中。由于日本学者池见阳和笔者2009年—2011年的联合教学工作，池见阳提出就彼此都熟悉的汉字进行质性体验，然后两人逐步尝试汉字聚焦的临床技术。这一过程起初只是尝试性地、谨慎地运用于临床心理咨询和教学中。但在使用中，发现这一技术在受汉字文化影响的人群中有极为普遍的效果，并且能够迅速促进咨询。于是开始在更为广泛的临床心理咨询及教学中，成形这一全新的、且可能在汉文化圈有运用前途的技术系统，并在理论层面进行了梳理。

2. 汉字聚焦的理论

在简德林聚焦理论中，生命是流动的过程，而在流动的过程中，生命其实蕴含了许多暗在的势力，这些势力来自环境、关系、身体记忆，以及意识等各方面。而暗在会有一种自发性努力：在生命的流动中争取外显明在化。池见阳将此过程称为"前反身"的。当这种自发性过程开始被体验-表达-理解的时候，暗在的势力就得以发展为一新生的明在部分。这一发展就构成生命向前发展的循环。简德林在论及哲学家威廉·狄尔泰解释学上的循环时强调，体验-表达-理解其实是同一个东西（Gendlin，1997）。池见阳将此过程称为反身意识的过程——即意识开始触及那些因为没有被表达而无法成形的暗在，这一过程就被向前启动（池见阳，2014）。"这个梦感觉毛骨悚然"，虽然用了"毛骨悚然"这个明在的语言象征来表达梦里的感觉，但是如果被问起"那个'毛骨悚然'是什么样的感觉呀？"就会使人觉察到"毛骨悚然"一词不能尽言的暗在的感觉在包围着这个词。"说是毛骨悚然，什么地方却似乎有亲切的、怪怪的感觉"。当表现这样被修正时，这时候梦者也好、倾听的咨询师也好都明白，似乎是异质的、相互矛盾的"亲切"和"怪怪的感觉"与"毛骨悚然"奇妙地调和在一起，明在的语言象征正在带出暗在的感应（resonance）。

但这一过程的努力被阻挡时，体验-表达-理解就无法顺利发生。这时候就开始出现解释的循环问题，这种问题往往开始构成心理疾病。正如 PTSD 患者无法言说的创伤，因为他们生命的解释过程已经被阻止。

汉字，在汉文化中构成一特定的角色，它不同于字母文字的表达，字母文字是通过字母音节过程进行表意，而汉字是直接表意。这一过程启示汉字使用者在表意时，是不同于字母文字使用者的。而且汉字的表意本身就是十分丰富的。池见阳同时用汉字外显象征化来说明这一体验过程（池见阳，2012）。一个汉字有其意义，这个意义与其他的汉字组合就成了词。单是一个汉字有其未完的意义。所以，一个汉字虽是明在的却又处在暗在之中，单独的汉字正处于明在与暗在的交叉点上。这一天然的文字优势过程，可以协助汉字使用者能够通过汉字产生一种不同的、更为方便的解释学的体验-表达-理解。就精神分析的理论而言，汉字因其直接表意的特点，可能包含着潜意识接近意识位置的捷径。

同时，一些脑科学研究也发现汉语使用者和英语使用者在使用各自语言时，脑波出现显著差异。并且汉语使用的脑波也十分不同于绘画的脑波。这也可能反映汉语和汉字在人类大脑的发展中，存在特殊的发展特点。这也更加说明汉字聚焦产生的特殊性和合理性。

3. 汉字聚焦的基本操作

汉字聚焦的具体方法，基于最初由简德林提出（Gendlin，1981）的6个阶段，整理空间（clearing a space）、体会（felt sense）、把手表达（handle）、感应把手表达（resonate）、叩问（asking）、接纳（receive）。但在中国化的具体使用中，我们一般区分为内在聆听、汉字把手、推敲、叩问、放大、接纳。

（1）内在聆听，把当前的问题作为对象来感受，向内在聆听此时所发生的体会；（2）汉字把手，就所发生的体会静静地等待相应汉字的出现，这是一个体验而非思维的过程；（3）推敲，感应推敲所发生的汉字是否与自己对问题的体会匹配，如果不匹配或者还觉得差一些可以调整为更匹配的汉字；（4）叩问，询问汉字，你意味着什么？或者想要告诉我什么？……（5）放大，无论体会是否发生领悟或者暂时停滞，在将要结束的位置，可以自由选择是否查阅汉字字典，特别是字源学的汉字字典，了解这一汉字的多方面含义以及历史演变，等待是否存在与内在的呼应，或者发生新的意义；（6）接纳：无论发生领悟，还是暂时停滞，都开放性地接纳所发生的一切经验，等待经验和行为的自发性发展和转变。

虽然有清晰的阶段，但在实际的心理咨询中，心理咨询师不可能照搬汉字聚焦技术阶段按部就班地进行。正如简德林所说的，"心理治疗中关系是第一位重要的，其次是倾听，聚焦的程序仅在第三位"（Gendlin，1996 p.297）。此外，在聚焦取向心理治疗的案例（Gendlin，1996，p.112—165，Ikemi，2010）中可以看到，临床上的汉字聚焦程序步骤不同，是以不着痕迹的方式来接近来访者的体验过程的。

4. 案例示范

笔者将以自己具体的案例和协作研究者的案例,说明汉字聚焦在临床上的实际操作。

案例1.

本案例为研究协作者池见阳所提供,来访者 B 是本科三年级20来岁的女性,在得到本人知情同意、说明了概要之后,B 提出要就某个人际关系进行聚焦。聆听了一下后,觉得有明亮发光的感觉。但是,与此有关的其他的事情却是讨厌的、不好的感觉。

咨询师催了一下,"不好的感觉是什么感觉呀,能不能用身体来感觉一下呢?"

来访者说,"身体有沉重的感觉。"

咨询师询问,"把这个不好的、沉重的感觉用一个汉字来表现的话会是个什么样的汉字呢?"

来访者体会了片刻,"鬱"这个字浮现上来。

确认了一下这个汉字是不是很贴切呀,说是这个汉字很贴切。

咨询师问,"你觉得这个人际关系的什么像是'鬱'呢?"但是没有什么变化。

于是进行放大的过程,翻阅了汉字词典查了一下"鬱"。

"鬱"有以下四个意思:1)树木茂盛,2)郁闷、淤塞,3)〈名〉山樱桃、郁李,4)〈名〉香草的一种、郁金香(《学研汉和大辞典》,学研研究社)。

来访者自己把四个意思读出声来。四个意思读完后,来访者说"啊!2)的'郁闷、淤塞'的意思是匹配的"。一边手做着动作一边觉察对于这个人际关系感到"厌烦""郁闷"的自己。

来访者之后谈了自己的变化,"最初自己并不知道自己感觉到了什么,通过咨询明白了,觉得很舒畅"。面询中两个人一起翻词典,来访者与咨询师进行共同作业,倾听者对此印象深刻。而且,面询后两个人又查了日本的国语辞典(大词林 iPod 版)中的"郁闷",其汉字为"鬱陶しい",正有个鬱字在其中,两人都惊讶不已。

这一案例比较完整地执行了所有阶段的技术,包括之后的放大。

案例 2.

女性来访者 X,在咨询中试着把自己的感觉用一个汉字来表述,不知怎么地"剛"浮现出来了。咨询师告诉她回去可以去翻下词典也可以不时地想一下。

在第二次面询时来访者有了以下的觉察:自幼来访者的父母就偏爱弟弟,老是找来访者不好的地方进行指责。因此,她在幼小时就下定决心绝不让人看到自己的弱点,不知在什么时候就把心变成了"剛"。她成了自尊心根深蒂固、没有弱点的"剛"人。

在说话的过程中,她发觉"剛"变化成了"鋼"。来访者和咨询师都感觉到了这个小小的变化,联想到了"鋼"从坚硬的矿石溶解的过程。"鋼"确实是铁一样坚硬的东西,但是在来访者的实感上似乎已经有什么过程开始启动了。来访者同意向专业杂志报告这个应用案例,所以咨询师就向笔者报告了。

在这个案例中,来访者将自身感觉到的暗在的丰富的感觉用一个汉字明在地表述出来,通过这个汉字包含的意义,可以明显地看到来访者对自我的理解渐渐地在发生变化。正如 Hirano, T.(2011),平野(2010)所提示的方法那样,可以在今后的面询过程中,把前一次的汉字作为"提示",每一次都确认一下这个汉字有没有变化,对问题的感觉有没有变化,以此来推进面询。

案例 3.

来访者 W，40 岁的男性，想要探索自己所在的公司与自己的关系。因为一想到这个公司的运营，在胸部就感觉到一种不舒服和奇怪的不满。因为不明白这是什么不满，所以就想通过心理咨询搞清楚。花了一些时间让他感触不满的感觉，并把这种感觉用一个汉字表达出来。然后，"脆"这个字从身体触觉浮现了出来。聚焦者一时不明白这个字所包含的意思。

咨询师询问"公司的什么是'脆'呢？"来访者起初以为是经济波动引起的公司危机。但是一想到这个，总觉得这不是公司的盈亏问题而是别的什么事情。于是公司的经营者们浮现出来了。他们感觉僵化、态度傲慢、一本正经。这些浮现出来的时候，公司的什么是脆就清晰起来了。感觉到这是人际关系脆弱而非经营状况。经营者们太僵化，公司脆弱得任何时候都有可能崩溃。知道了这些，理解了胸中不满的缘故，不满就消散了。这是因为自己已经明白了这个公司的什么地方令自己最为担忧。

案例中，来访者进行了对汉字把手的聚焦和叩问，并没有进行放大，但也取得了很好的领悟。同时，此案例的汉字把手出现的过程是通过身体触觉，虽然大部分来访者聚焦汉字时，通常是通过视觉化意象出现汉字，和通过听觉化过程出现汉字。也有少数会通过身体触觉出现汉字，这可能与来访者本身使用的感官象征习惯有关。这有待进一步研究。

5. 小结

汉字聚焦所包含的特殊运用价值和独有的文化属性，对与中国乃至汉文化圈范畴的个体进行心理咨询和心理治疗的临床工作者，有一定的技协助意义。也是对起源于西方社会文化的心理咨询技术在东亚汉文化环境下使用的一个小小的本土化补充的尝试。

汉字聚焦目前已经发展出多种工作方式,包括汉字聚焦的团体工作。当然在临床心理治疗工作中的效果还需要更多的实证研究来支持和推广。

同时,在临床过程中,咨询师和研究者还意外地发现一个特殊的现象,使用汉字聚焦表达感受时,有一些使用简体字的来访者虽然没有繁体字和甲骨文的任何知识,但他们居然写出了相应的繁体字,甚至甲骨文、金文的单字来表达相关感受,在访谈后,研究者在《说文解字》等古代文字中发现完全相同的字。这让研究者开始怀疑是否存在文字的身体基因或者文字具身性的可能。虽然这一假设还需要更多研究来验证。

参 考 文 献

窦文宇、窦勇 著,汉字字源:当代新说文解字,序言,p.1,吉林文史出版社,2005

Campbell Purton,聚焦取向心理疗法,中国轻工业出版社,2010

Gendlin, E. T. (1964): A theory of personality change. In P. Worchel & D. Byrne (eds.) Personality

Change, pp. 100-148, New York: John Wiley & Son.

Gendlin, E. T. (1981): Focusing. New York, Bantam Books.

Gendlin, E.T. (2011), IMPLICIT PRECISION

简德林,聚焦"心理"生命自觉之道,东方出版中心,2009

Dave Mearns,Brian Thorne,以人为中心心理咨询实践,重庆大学出版社,2010

体验过程量表(The Experiencing Scale):研究和训练手册卷一,(p.64)

1969由M. H. Klein, P. L. Mathieu, E. T. Gendlin和D. J. Kiesler(1969) 编制,威斯康星精神病学研究所,网址www.experiential-researchers.org

池見陽（2009）：Eugene Gendlinの心理療法論：体験・表現・理解が実践させる体験過程『ディルタイ研究』20：45—62.

池見陽,汉字聚焦：暗在中的一字与心理治疗,临床心理专门职大学院,纪要2012年,第2号

Akira Ikemi, 向日葵、沙丁鱼和回应性共同身体过程：具身化的三个视角, Kansai大学, 职业临床心理研究生院, 大阪, 日本, 2014年3月3日出版